古代歷史文化 研究輯刊

三 編

王 明 蓀 主編

第 1 冊

《三編》總目
編輯部編

中國史前時代與殷代的稻作

郭鴻韻 著

國家圖書館出版品預行編目資料

中國史前時代與殷代的稻作／郭鴻韻 著—初版—台北縣永
和市：花木蘭文化出版社，2010〔民99〕
目 2+122 面；19×26 公分
（古代歷史文化研究輯刊 三編：第 1 冊）
ISBN：978-986-254-087-9（精裝）
1. 農業史　2. 稻米　3. 史前史　4. 商史
430.9201　　　　　　　　　　　　　　　　　99001167

ISBN - 978-986-2540-87-9

9 789862 540879

古代歷史文化研究輯刊
三 編 第 一 冊　　　　　　ISBN：978-986-254-087-9

中國史前時代與殷代的稻作

作　　者　郭鴻韻
主　　編　王明蓀
總 編 輯　杜潔祥
出　　版　花木蘭文化出版社
發 行 所　花木蘭文化出版社
發 行 人　高小娟
聯絡地址　台北縣永和市中正路五九五號七樓之三
　　　　　電話：02-2923-1455／傳真：02-2923-1452
網　　址　http://www.huamulan.tw 信箱 sut81518@ms59.hinet.net
印　　刷　普羅文化出版廣告事業
初　　版　2010 年 3 月
定　　價　三編 30 冊（精裝）新台幣 46,000 元　　版權所有·請勿翻印

《三 編》總 目

編輯部 編

《古代歷史文化研究輯刊》三編　書目

《古代歷史文化研究輯刊》三編
各書作者簡介・提要・目錄

第一冊　中國史前時代與殷代的稻作

作者簡介

郭鴻韻，生於屏東，長於新竹。於民國六十一年考入國立台灣大學歷史學系就讀，再入同校歷史研究所一般歷史組專攻中國上古史；在台大的七年學習中，曾受教於傅樂成、杜維運、逯耀東、張忠棟、趙雅書、阮芝生……等多位教授，並在中文系屈萬里（尚書）、臺靜農（楚辭）及金祥恆（甲骨學）等前輩大師案前蒙受教益。其後執教於新竹縣芎林鄉之大華技術學院，教授「中國近現代史」、「中國文化史」以及「中國的神話與傳說」等課程。今已退休，專事著述。

提　要

此作「中國史前時代與殷代的稻作」，其時間訂在史前之新石器時代，即人類農業文明初始之時，再及於作為中國信史之始的殷代，亦稍延後至兩周；至於其主要探索的地域，以殷王朝統治範圍的華北為主，即傳統史家所稱之中華文化的核心區，亦不可免地籠括了華中與華南等廣大的地帶。

此作的探討主題聚焦於：史前與殷代的華北地區是否從事於普遍而大量的稻米種植？因為目前所有的直接証物只有一件：仰韶文化陶罐上的穀痕，所以只能間接地從當時華北的土質、氣候與水利灌溉工程三者並甲骨、兩周文獻，來探討華北對稻米的需求與當地普遍且大量地實施稻作的可能，其結論是：普遍且大量稻作的可能性很低，稻作只能實施於少數如河谷等較濕潤的地帶。

在探討的過程中，同時得觸及到人類文化史上某些重要的議題，如：

一、植物與人類文化的緊密關聯

二、人類農業文化起源的一元或是多元

三、原生植物馴養至農業作物之艱困的歷程

四、原生區與次生區的輔成關係

五、作為穀作文化的人文背景

上述議題在學術界尚無有清晰且全面的輪廓，尤其是關於人類文化的起源究竟是一元或多元，至今也沒有明確的共識，但撰者深深以為：這是本文在探討的過程中最饒具意義、啟發最大的部份，值得學者們繼續努力，以為人類揭開文明初始的謎團。

目　次

第二冊　先秦布幣研究

作者簡介

　　高婉瑜，女，花蓮長大的高雄人。國立高雄師範大學國文學士，國立中正大學中國文學碩士與博士。碩士班師從黃靜吟先生，研究古文字學，論文題目是《先秦布幣研究》。博士班師從竺家寧先生，研究漢文佛典語言學，論文題目是《漢文佛典後綴的語法化現象》。曾經在中興大學、臺灣海洋大學、大葉大學、南台科技大學、修平技術學院、環球技術學院等多所大專院校兼職，目前服務於淡江大學中國文學學系，擔任專任助理教授，開設文字學、聲韻學、訓詁學、詞彙學、修辭學等課程。喜歡跨領域的探索，矢志發揚佛陀教育的理念，研究興趣是佛典語言學、漢語史、文字學，迄今已發表數十篇期刊與會議論文。

提　要

　　本研究是一本跨領域的學術論文，結合古文字學、貨幣學、地理學、歷史學、考古學等知識，討論先秦布幣的種種問題。擇題之因是「貨幣文字」為戰國文字重要的分支，先秦的五大貨幣體系中，「布幣」是最多國家採用的貨幣，流通區域廣袤，促使布幣的種類與文字豐富多變。掌握了布幣這項材料，對於研究古文字和古代經濟將有莫大的裨益。

　　本論文主要以《中國歷代貨幣大系‧先秦貨幣》、《中國歷代貨幣》、《中國古代貨幣》等圖錄所收集的布幣為研究材料，針對布幣的歷史、時代、類型、

流通地域、文字內容諸面向，從共時角度觀察先秦各國的布幣。依照古文字學的考釋方法：因襲比較法、辭例推勘法、偏旁分析法、依禮俗制度釋字，進行貨幣文字的研究。

　　經過詳細的整理與考察，讓我們對先秦布幣的相關問題有更深入的瞭解與認識，今擇要概述本文的發現。

1. 宏觀地看先秦貨幣體系，所謂「銅貝是西周的貨幣」一說並不合乎貨幣的流通的原則。
2. 「原始布」濫觴於春秋早期，布幣廣泛流通於戰國時期。
3. 原始布的來源是「鏟子」和「耒具」，三晉、周王室的布幣，隨著時間而有不同的風格，燕國和楚國原不流通布幣，在戰國時代也紛紛使用布幣。
4. 鑄造工藝方面，早期布幣鑄工粗糙，含銅量高。晚期布幣技術進步，多摻有其他金屬。
5. 從文字風格來看，早期布幣文字規整，晚期銘文草率、錯範、流銅、毛刺、斷裂、模糊現象嚴重。
6. 布幣文字上的地名不必然是鑄地，因為仿鑄現象盛行。
7. 布幣單位除了「釿」、「銖」、「兩」之外，還有「」。
8. 文字演變方面，布幣文字變化多端，其中以簡化和異化的力量最強。

目　次

表格目錄

第三冊　春秋、戰國時代生育及婚喪禁忌之研究

作者簡介

　　江達智，男，廣東蕉嶺人，1964 年生於台灣高雄縣。大學、碩士班分別畢業於國立臺灣大學歷史學系、國立成功大學歷史語言研究所。2003 年，獲國立臺灣師範大學歷史學系博士學位。目前擔任國立成功大學歷史學系助理教授，專長爲中國上古史、中國古代生命禮俗史、中國道教史。

提　要

　　本文以生育、婚姻及喪葬等禮俗爲範圍，探索春秋、戰國時代的禁忌事象。文分六章：第一章：緒論。分述研究動機、研究成果及研究方法。第二章：「禁忌」釋義。分別透過民俗學以及中國古代文獻中之記載，對禁忌加以定義。此外，並敘述禁忌施行的原則與功能。希望經由此三方面之敘述與探討，能對「禁忌」有所初步的概念與常識。第三章：春秋、戰國時代之生育禁忌。透過文獻資料之檢索，分別討論春秋、戰國時代生育前、懷孕及分娩期、產後等時期中的生育禁忌。第四章：春秋、戰國時代之婚姻禁忌。分別對於婚前、婚禮及因婚姻所造成之人際關係等三方面，來探討春秋、戰國時代的婚姻禁忌。第五章：春秋、戰國時代之喪葬禁忌。內容主要探討當時人們在死亡前、喪禮與葬禮，以及葬禮後等時期所遵循的禁忌。第六章：結語。分別從「反映出當時的時代背景」、「人文思想與禁忌的結合」及「禁忌流傳形態的轉變」等三方面，總結春秋、戰國時代生育及婚喪禁忌之特殊性與重要性。

目　次

第四冊　上博楚簡齊國史料研究

作者簡介

高榮鴻，1983 年生，台南人，2008 年獲得中興大學中文所碩士學位，並於同年進入中興大學中文所博士班就讀，研究領域則以戰國文字爲重心。

提　要

本論文的研究對象爲上博楚簡中的齊國史料，涵蓋《上海博物館藏戰國楚竹書》〈競建內之〉、〈鮑叔牙與隰朋之諫〉與〈競公瘧〉三篇竹書。

全文共有六章，各章主要內容如下：

第一章「緒論」，首先說明上博楚簡的研究現況，其次說明本文的研究動機、研究範圍、研究方法以及章節架構。

第二章「簡冊的復原與編聯」，檢討所論三篇竹書的竹簡順序，並以簡文內容所述的主題爲據，將之劃分爲若干群組。

第三、四、五章則對所劃分的組別，分別臚列簡文，加以考辨，進行深入的討論工作。第三章所包含的主題內容有「齊國與桓公皆有災難」組、「鮑叔牙與隰朋以古史諫桓公」組、「鮑叔牙與隰朋言齊國弊端」組、「豎刁、易牙爲人處世」組。

第四章所包含的主題內容有「齊桓公聽從諫言親身祭祀」組、「齊桓公施行利民政策」組、「齊桓公訓示百官」組、「齊國與桓公皆免於災難」組。

第五章所包含的主題內容有「齊景公欲殺祝史」組、「晏子勸諫齊景公」

組、「晏子言齊景公任人缺失」組、「齊景公聽信諫言且病癒」組。

第六章「結論」，由「補充史料」、「文獻異文」、「書籍交納」、「文本來源」四方面，揭示上博楚簡所見齊國史料的特點與價值。

目　次

凡　例

第五冊　漢初的政治局勢論析

作者簡介

　　林岳樞，男，民國 73 年 2 月 7 日生，民國 95 年 6 月畢業於中國文化大學史學系，獲文學學士學位；民國 98 年 6 月畢業於中國文化大學史學系碩士班，

獲文學碩士學位。民國 95 年至 98 年間由陳文豪副教授指導學位論文，研究方向爲漢代前期政治史，題目爲《漢初的政治局勢論析》，此文結合傳統文獻、出土史料與前人時賢的研究，重新對漢初外戚（諸呂）、諸侯王、功臣作進一步探討，冀求對漢代初年的政治局勢有新的了解。

提　要

　　本文以漢初的政治局勢爲題，是因爲漢初政局的發展對漢朝日後的發展有密切關係。漢武帝能夠北伐匈奴、征西南夷，將漢朝國勢推向鼎盛，其基礎就是皇權的穩固，亦即中央集權。但這與漢初的情勢不同，漢初的皇權較不穩固，除了中央有外戚與功臣間的分歧，地方上更有同姓諸侯王與之分權，因此對漢初政治的研究，如同了解漢朝皇權的發展。

　　關於漢初的政治，有些問題因文獻史料的侷限，無法進一步的探討，如從《史記》、《漢書》可以了解漢初中央與地方間有對立的情況，但詳情卻無法了解，而漢中央怎麼防範諸侯王，其細節也無從得知。張家山漢簡《二年律令》的出土，除了對上述問題能夠有所探討外，對於外戚呂氏政治地位以及二十等爵制下，功臣們所享有的權利與地位，也有新的了解。所以本文以傳世文獻爲主，張家山漢簡《二年律令》爲輔，來重新討論漢初的政治局勢。

　　本文內容架構，分爲四個部分，首先第一個部分爲漢初的局勢及其國策，第二部分是外戚呂氏，第三部分是諸侯王，最後爲軍功功臣。

　　漢初的局勢及其國策，主要以高祖劉邦初年，從異姓諸侯王到同姓諸侯王的變化，所導致的「支強幹弱」、「關東與關中分立」局勢做爲切入點。並且探討統治者採用黃老無爲治術與法家治術對於漢初政治的影響。

　　關於外戚呂氏的部分，在張家山漢簡《二年律令》中有突顯諸呂政治地位的資料，一爲關於諸呂刑罰減免適用範圍等同皇室的問題；二爲在禁馬出關令中特許呂后、魯王張偃得買馬的問題。關於諸呂政治發展的侷限，大致有三個原因，一爲無後繼領袖，二爲空間小，三爲時間短。而諸呂的滅亡除了上述的原因外，其主因爲劉姓諸侯王與功臣的聯手的政變，其中的關鍵是諸侯王。從《史記》、《漢書》中發現外戚呂氏被定位爲危害漢朝的人，在後漢仍是如此，且其地位不亞於王莽，雖然在諸呂事件後，外戚的鋒芒減弱，但到武帝以後外戚鋒芒再現，以一種新的型態掌權，最後成爲有心人篡位之資。因此漢朝皇帝雖以諸呂爲戒，但其效果卻不是很好。

　　漢初的諸侯王擁有政治、經濟、軍事上的權力，與漢中央處於相對半獨立狀態，且其封域大，大者數郡，小者二郡。因此諸侯王對漢中央是一種威脅。可是諸侯王與中央仍然有羈絆，即爲「法律」上的關係。而從法律關係來看，文帝以後的「漢法非立」、「漢令不行」的問題，主要是指諸侯王僭越的問題，但此一問題並非文帝以後才出現，應該在漢初就已經存在，爲何文帝以後才出現此種論調，因爲之前皇權並非穩固，加上諸侯王勢力龐大，暫時無暇顧及。文帝以後，中央沒有分歧，可以一致對外，且諸呂事件時諸侯王的威脅性已經浮出檯面，到了必須處理的地步。漢初中央對於諸侯王也並非完全沒有防範，在張家山漢簡《二年律令》中就有許多防範與限制諸侯王的法令。但是這樣的方式是消極的，對於諸侯王權力過大，封域太廣沒有影響。文帝以後，漢朝對於諸侯王的政策有了改變，就是從原先的消極政策轉爲積極政策，即是將諸侯王的權力漸次收回，並使其封域縮小。至武帝時期諸侯王問題就大致解決，從此諸侯王成爲與富家無異，只能衣食租稅，對漢朝無法產生威脅。

　　漢初的軍功功臣，他們所得到的地位與利益，是從二十等爵制而來，其中最大的利益是依爵位高低授與土地、宅地，在張家山漢簡《二年律令‧戶律》中，可以看到詳細的規定。爵制是一種身分的象徵，也是一種人民與國家產生關係的一種途徑，其所帶來的利益與權利不只是土地，還有用爵來減刑贖罪，更可依爵位高低獲得不同數量的食物、衣服、金錢等，還有減免服勞役年限。可是漢朝給予軍功功臣的權利與利益，也非永遠。從《二年律令‧置後律》來看，漢初軍功功臣可分爲侯爵與非侯爵兩大類。其中非侯爵占大多數，這些人經由《置後律》的規定，經過一至五代後就成爲無爵者，不再享有任何特權。只有侯爵者（列侯與關內侯）的嫡長子，可以繼續保有原爵，一直享有特權。此爲顯示出侯爵者與非侯爵者政治地位不同的一個面向。且結合《史記》、《漢書》與《二年律令》的資料來看，漢初到文帝有賜爵制的改變，此改變將造成《二年律令》中有關軍功功臣的特權遭到修改，甚至廢止。非侯爵者的沒落是從法令可以預見，而文帝以後爵制的改變，使爵制有了新的意義，即國家統治權的強化。侯爵者的沒落，依《漢書‧高惠高后文功臣表》來看，主要是犯罪、絕後而失爵，至武帝時已所剩無幾。文帝時，列侯政治漸漸瓦解，文帝打擊周勃一事就是例子。景武以後漢朝中央的集權達鼎盛，諸侯王問題也解決，漢朝皇權達至最高點。

　　本文結合傳統文獻與前人時賢的研究成果，再配合張家山漢簡《二年律令》

的相關資料進行討論，對於漢初的政治局勢的研究，基本上得出上述的看法與見解。

目　次

第六冊　魏明帝曹叡之朝政研究

作者簡介

　　王惟貞，一九七三年生，台北新莊人。私立輔仁大學歷史學士、國立清華大學歷史學碩士及博士。先後於私立中華大學、私立華梵大學、私立輔仁大學及國立台灣體育大學任教，擔任通識中心兼任講師與助理教授。早年以魏晉史事為研究主體，近年來則關注兩漢至魏晉之間的政治變動與社會脈絡。

提　要

　　曹叡時期的太和浮華案，代表曹魏政權新一代官僚與知識分子的政治活動，以及當世的社會風潮。曹魏政府對浮華案件的懲處態度，除了影響參與交遊士人的仕宦之路外，也影響了朝廷對新進官員的選擇，及曹叡時期的政治發

展。在討論曹叡時期的太和浮華案時，還須進一步分析當時的背景，才能解釋東漢末年即已產生的浮華風潮，爲何會在曹叡統治時期演變成大規模的政治懲處事件。

曹叡即位初期，外有強敵，內有父祖時代的功臣宿將。因此，曹叡藉著對蜀漢、東吳戰事的發展，展現自己的才能與見識；另一方面，也藉機將曹丕安排的輔政大臣調離中央，減少其對朝廷的影響。無論是在朝政、軍事活動、臣僚的選任、宮室營建等方面，曹叡都按照自己的想法去施行，並集權於自己手中，影響了朝中官員的行政職權與官僚體系的運作，也減低臣僚對曹魏政權的向心力。曹叡掌握大權的心態，除了顯現出其對臣僚的猜疑外，當時臣僚的從政態度，事實上也是促使曹叡猜疑、不安的一個因素。

東漢末年開始的政治動亂，影響了漢末、魏初士人對中央政權之認同感。東漢末年的黨錮之禍，嚴重戕害了士人對政治的熱誠，也損傷了對東漢政權的向心力。在面對險惡的生存環境時，士大夫以自保爲目標，以累積個人的政治資本、發展家族的社會聲望爲第一要務，國家與人民已經不是他們所關注的重心了。手握國家最高權力的曹叡自然能夠感受到臣僚的自私心態。曹魏時期的君臣關係，實際上是建立在上下交相疑的基礎上，曹叡時期君臣關係的不良，導致日後的高平陵事件以及曹魏政權的覆亡。曹魏的覆滅，實肇始於曹叡時代，其禍害則著於曹芳、曹髦時代。曹氏統治者的不信任態度固然是主因，而當時的臣僚的自保心態，也難逃其責。

無論是曹叡的猜忌，或是群僚的自保心態，基本上還是不脫兩漢「革命易代」的想法。漢人對於改朝換代的認知，成爲魏晉君臣關係的一大隱憂，嚴重影響魏晉君臣彼此的信任，也導致曹叡在託孤一事上，舉棋不定、徬徨無依。明清士人對魏晉君臣的評譏甚多，然而這些批評中所呈現出來的歷史圖像，代表的是後世士人腦中所認知、描繪的狀況，並非魏晉時人的共識。因此，論及魏晉政治變動之際的君臣思想，除了借用後人的批判以增加理解外，還須釐清後世士人所強加於上的價值判斷，才能使魏晉時人的思想更眞實地呈現出來。

目　次

第七冊　魏晉南北朝的婦女緣坐

作者簡介

馬以謹，一九六一年生於臺灣省臺中市。

靜宜大學外文系學士、東海大學歷史系學士、臺灣大學歷史研究所碩士、中正大學歷史研究所博士。

曾任逢甲大學通識中心、靜宜大學通識中心、朝陽科技大學通識中心、勤益科技大學通識中心、玄奘大學歷史系等諸校兼任副教授。

研究領域為中國婦女史、魏晉南北朝史。

提　要

　　中國的緣坐制度在魏晉南北朝時期有明顯的減輕之勢，尤其是婦女緣坐的刑責更是大幅度的減輕，並且在緣坐範圍上也日趨縮小。三國以前，婦女是要雙重緣坐的。三國毌丘儉案後，明定出嫁女不坐娘家之戮，僅坐夫家之罰。西晉解系案後，又規定許嫁女不坐，更進一步地擴大了免坐的範圍。東晉明帝時下詔三族刑不施於婦人，從此婦女的緣坐之刑已明顯地較男子為輕。北朝時，婦女緣坐以沒官為主，而少刑殺。這些都是婦女緣坐之刑減輕的明證。唐以後明定出嫁女、許嫁女均不坐娘家之戮，即使大逆、謀反之罪的婦女緣坐亦不坐死，而採沒官。這些優遇婦女的緣坐規定，其實都是在魏晉南北朝醞釀定型，且於唐以後明定載在歷代的刑法規章之中的。本文即在研究魏晉南北朝婦女緣坐的演變情形，茲將本文的章節及其內容條列於下：第一章：說明研究的動機、取向、魏晉南北朝婦女地位的一般概況及有關緣坐的一些問題。第二章：說明女子緣坐的刑法種類及其施行的實例探討。第三章：官人犯謀反、大逆罪時婦女的緣坐情形及轉變。第四章：軍人在逃亡、叛降時婦女的緣坐情形，以及婦女在非法定緣坐情形下，實際受到牽連的廣義緣坐情況。第五章：婦女在其他情形況下的緣坐情形。第六章：總結全文，做一個摘要說明。

目　次

六朝太湖流域的發展

作者簡介

　　黃淑梅，畢業於國立台灣師範大學歷史系及歷史研究所碩士班。蒙毛漢光教授指導，對於中國中古時代歷史發展著墨較深，論文即以此範疇爲鑽研撰寫方向。畢業後歷年任教於大專院校通識中心，擔任歷史課程及人文藝術課程講師。

提　要

　　太湖流域在春秋戰國時代爲中原化外的蠻夷貘邦，至秦漢時代納入大一統帝國版圖成爲偏僻落後的邊陲地帶，然而經過三百餘年南北分裂的蘊釀變化，至隋唐時代一躍爲全盛帝國的經濟及物產重心，其間長足的進步，偌大的改變實基於六朝（孫吳，東晉，宋，齊，梁，陳）政權積極的經營政策，本區地理條件的優異富饒，社會文化的融合成熟，各種面向的交織協調，有以致之。

　　本書撰寫是以相當鮮少的史籍資料，佐以各先進學者的研究論著，儘可能深入細論太湖地區在六朝時代各方面的發展，分爲政區戶口之演變，交通城市及商業的發展，農業的發展，工礦的發展，社會的發展等各章，以期對此一時代歷史的重建作一點補充的工作。

　　爲了收取一目了然之效，本文對於繁複的資料，盡量予以表格化及繪製爲地圖，如歷代州郡縣沿革表，歷代郡縣建置圖，水陸交通路線圖及戶口變動比較表等。但是由於資料之不足及不夠精確，這些圖表大致可以表示演進的趨向及大概的方位，卻無法做到絲毫不爽的地步，希望不致有太大的謬誤。

目　次

第八、九冊　中國中古時期之陰山戰爭及其對北邊戰略環境變動與歷史發展影響

作者簡介

何世同

1947 年　生於湖北省鄖縣

1949 年隨　父母來台　定居台南市

●基礎教育與軍事學歷

台南一中初、高中

陸軍官校 1968 年班（37 期步科，理學士）

三軍大學陸軍指揮參謀學院 1977 年班

三軍大學戰爭學院 1980 年班（第一名畢業）

●主要軍事經歷（1964 年～1994 年）

陸軍空降部隊排、連、營長

三軍大學戰爭學院野戰戰略上校教官

馬祖防衛司令部 193 師 578 旅上校旅長

陸軍空降第 71 旅少將旅長（1990 年 1 月 1 日晉升少將）

陸軍空降特戰部隊少將指揮官

●1994 年退役　繼續讀書所獲學位

淡江大學法學碩士（榜首考入，1994 年 9 月～1996 年 6 月）

國立中正大學歷史博士（榜首考入，1998 年 9 月～2001 年 4 月）

●主要教學經歷

國立嘉義大學國防與國家安全研究所　兼任副教授

國防大學戰爭學院　講座

興國、稻江等管理學院　專任助理教授

●現任（2005 年 8 月～）

崑山科技大學通識教育中心 專任副教授
●主要著作
戰略概論（2004 年 9 月）
中國戰略史（2005 年 5 月）
殲滅論（2009 年 6 月）

提　要

　　陰山山脈位於大漠與黃河河套及土默川平原之間，居古中國帶狀「農畜牧咸宜區」的中央位置，是中古時期北方草原游牧民族與南方農業社會兩大勢力交會之所，從而產生頻繁互動，戰爭時而發生。

　　本研究之斷限，起自漢高帝元年（前 206），終於唐昭宣帝天祐三年（906），共 1112 年，即是概念上的「中古時期」。本研究不含游牧民族小兵力、單方面之劫略行為，共彙整此時期陰山地區戰爭凡 183 例，平均約 6.08 年發生戰爭一次。其中，除隋朝時期的 1.87 年/次，遠超過中古時期之平均值，為陰山地區發生戰爭頻率最高的時期外，其餘各時期戰爭發生之頻率則概等。

　　就地緣與地形特性論，陰山山脈在地略上，南扼山南平原，北接漠南草原及大漠，自古即是南北勢力競逐的「四戰之地」。又因陰山地形南麓陡峭，越野通過困難，具備軍事上天然「地障」之條件。因此，縱貫其上、由東向西併列之白道、稒陽、高闕與雞鹿塞等四條交通道路，遂成跨陰山南北用兵作戰線必經之戰略通道。而白道能「通方軌」，較適合正規大軍作戰，故道上及其南北延伸線上之戰爭次數亦多，是中古時期陰山第一軍道；其餘三道之重要性，則呈由東向西遞減狀況。陰山北接漠南草原，越過漠南草原，即是大漠。因為大漠的阻絕作用，對北方草原民族軍隊（北方大軍）踰漠而南之作戰行動，形成極大限制；而漠南草原縱深有限，又無瞰制地形可用，也不利於建立前進基地或就地實施防禦，故在中古時期「南北衝突」過程中，南方大軍常居於較有利之地位。

　　中古時期游牧民族以經濟生產為目的之劫掠作戰，是造成中古時期「南北衝突」的源頭，也是南方政府訂定北邊國防政策的首要考量。本文分析各時期14 場重要戰爭發現，中古時期陰山戰爭的發生，不論其直接原因為何，大致都應是緣於「南北衝突」。在此歷史發展所造成之大環境中，透過戰爭，可化解衝突與建立階段性的「戰略平衡」；但因衝突之因子始終存在，故在此框架

之中，戰爭或能解決原有的衝突，但也每是另一次新衝突的導因。而在歷史發展的過程中，戰爭更使北邊的「戰略平衡」，進入一個反覆建立、維持、破壞與重建的循環系統；而其最大影響因素，就是陰山與大漠兩大地障。

中古時期南方大軍出陰山渡漠攻擊北方游牧民族之戰爭，概有 30 次。但因受大漠地障限制、地理上錯誤認知及心理上「漠北無用論」等因素影響，在唐太宗貞觀二十年以前，均只見單純之軍事作戰行動，並無政治權力建立及保持之經略觀念與作為；故幾乎每次都是南軍稍攻即退，北方牧族走而復返，戰爭與權力脫節現象不斷重演。又由於南方大軍渡漠作戰之「攻而不略」，致軍事勝利之戰果迅速落空，師疲而無功，每次渡漠作戰都須從原點開始，形成國力之大浪費。而中古時期真正能充分運用權力，以戰爭為手段，達到經略漠北目的者，亦僅唐太宗一人而已。

目　次

第十冊　中古時期河北地區胡漢民族線之演變

作者簡介

廖幼華，1956 年生於台灣屏東，祖籍廣西融縣，中國文化大學史學博士。曾任職國家圖書館漢學研究中心編輯、國立花蓮師範學院副教授，現爲國立中正大學歷史系教授。專長爲中國歷史地理與隋唐史，除本書外另著有《歷史地理學的應用：嶺南地區早期發展之探討》專書及〈丹州稽胡漢化之探討：歷史地理角度的研究〉〈唐宋時代鬼門關及瘴江水路〉〈嚴耕望先生傳略〉〈唐宋時期邕州入交三道〉等學術論文三十餘篇。

提　要

本論文旨在打破科際界線，揉和歷史與地理二門學科，以呼應天人之間、尋求歷史真象。尤其中國自東漢以後進入一個大變化的時代；在自然環境方面，進入小冰河時期，氣候寒旱，導致史記所稱之「農牧分界線」南移，塞內外農特狀況大受影響；在人事方面，一連串的胡人入居行動不但自始展開，而且愈演愈烈，原居黃河流域的農業漢民族被迫大舉南遷，留居於北方的漢民遊與迭起迭落的胡政權，雙方爲維持其基本生存所需及政權的持續，也逐漸找到一個彼此可以共同生活的平衡點，在這個平衡點下，雙方雖偶有爭鬥，基本上仍可保持一個和諧同處的情勢。因此，任何一個新興的胡人政權皆無意、也無力打破這項均勢局面，使得胡、漢民族在這種大前提下，有足夠的時間與空間彼此逐漸涵化，爲此後北魏孝文帝漢化埋下了種子，也是隋唐時代混合型文化產生的因子。這個整個中古時代來說，是段極重要的轉變周期，因此要深入探究中古時期的歷史變化，則必須先行了解中古前期河北地區是如何從一個以漢人爲主、靜止的農耕社會轉變到胡漢混合的動盪社會，在這動盪社會中，

雙方又如何達致平衡，否則，以後的歷史的發展將無所依附，而成為一項失根的史事探討。

　　本文共分七章，分別是緒論、中古時期河北地理分析、黃河區與胡人勢力之興衰、胡人政治核心——鄴經濟區之變動、農牧線南移前後之中山、沮洳地帶與中古前期之民族線、結論等。為求確實反映中古前期之自然與人文狀況，本論文除參考相關史籍及歷史專著，並閱讀大量方志、今古地理書與論文；配合統計、分析、演釋、比較及歸納方法的運用，期望得到一個客觀的結論，以解決長久以來對中古前期胡漢民族共同居住情形的大疑問。

目　次

附 表

第十一冊 貞觀之治與儒家思想

作者簡介

　　羅彤華，師範大學歷史學碩士，台灣大學歷史學博士，現任政治大學歷史系教授。研究時代由漢到唐，研究領域包括社會經濟史、敦煌吐魯番學、法制史。近年之研究課題是民間借貸、官方放貸、國家財政，以及家庭問題，發表論文數十篇，並著有《漢代的流民問題》、《唐代民間借貸之研究》、《唐代官方放貸之研究》等專書。

提 要

　　談到貞觀政治，人們總不免從權力、門第等方向來分析；說起貞觀律令，

學者多從制度、法司等角度來討論。然而貞觀時代是國史上少見的治世，如果只從權力爭衡，法制運作之諸種表象來觀察這個時代，而忽略了發掘出指引政治運作的內在精神，則根本無法理解貞觀君臣間若出於一已之私，而又予人親切溫煦之感的特殊施政風格。本書從德治思想、聖王觀念、人倫關係三個方面來檢討貞觀政治，期能了解貞觀君臣如何協調理想與現實間的衝突，使其免於走向赤裸裸的求利尚權之途，也讓唐太宗不以專斷獨制的面貌呈現在世人面前。貞觀文治武功之盛，實多得力於崇功務實精神的高度發揮，而這種精神亦孕化出推動人們追求德治理想的力量。唐太宗的任賢納諫，不只深受儒家聖王觀念的影響，他更積極為自己塑造歷史形象，甚至欲借修改國史來掩飾發動政變的罪行。唐初重視門、地、親故的社會特性，加速擴大人倫關係的分殊化傾向，朋黨問題與繼承事件顯示，欲維繫有節度的人倫關係甚為不易，但君臣們體認到務存治體的重要，本著「不求備」、「識大體」的態度，儘量避免因偏執而引發意氣之爭。雖然朱熹感慨儒家思想「未嘗一日得行於天地之間」，但貞觀時代表現的施政風格，仍值得人再三玩味！

目 次

唐代的縣與縣令

作者簡介

　　傅安良，東海大學歷史系學士、中國文化大學史學研究所碩士、中國文化大學史學研究所博士生，現為清雲科技大學通識教育中心講師。研究領域為隋唐地方行政制度史，目前從事唐代安史之亂後河北藩鎮與中央政治關係之研究。

提　要

　　自從西元前 221 年秦始皇「廢封建、行郡縣」後，二千年來，縣一直是個相對穩定的地方行政基層單位，具有重要的地位。

　　唐縣奠基於隋縣，而後逐漸發展出屬於自己的特色。但是安史之亂的爆發，相當影響唐縣的發展。安史之亂前，縣單純聽命於中央，受制於州府；安史之亂後，則是受制於藩鎮。

　　唐縣的數目一直維持在一千五百縣左右。有七等縣、八等縣及十等縣等不同的等級。縣令與佐吏如縣丞、縣主簿、縣尉及其他屬吏組成縣廷，執行大小繁瑣的業務。

　　縣令是縣廷的核心人物，也是與民眾密切接觸的「親民官」，地位重要。就縣令的職權而言，大約可分為教化、訴訟、社會救濟、農業、地政、賦稅、戶口、傳驛、倉庫、治安、防洪、水利、交通等項，相當廣泛。

　　縣令的選任上，任官資格的取得有生徒、貢舉、制舉、門蔭、薦舉、君主之寵任、特徵、藩鎮奏售等途徑。資格取得後，再經吏部銓選，而後分發任官。安史之亂後由於吏部選授縣令的權力為藩鎮所奪，自辟縣令的情形日漸普遍，顯示中央政府控制力的消褪。

　　唐代縣令的品級以京畿縣令較高，一般地區的縣令較低。俸祿上，安史之亂前京畿縣令的俸祿較為優裕，安史之亂後則不如外州縣令。

　　考課方面，縣令的治績良好會獲得獎賞，反之，受到懲處。至於遷轉，分析兩唐書所載縣令的遷轉情形，有下列結論：（一）京赤縣令的遷入與遷出官都是以中央官為主，是晉身中央的好跳板。畿縣令的遷入官多屬州、府級的地

方官，遷出官中中央官和地方官相當平均，但中央官的機率較大。（二）一般縣令不論是遷入官或遷出官，還是以地方官作爲遷轉的主要對象。（三）以時間區分，中唐時期縣令的遷轉最爲正常，管道最爲暢通。（四）縣令的遷轉受到許多外來因素的影響。一般縣令的遷轉受到州道及中央政府權貴勢家力量的影響，京畿縣令則受到中央政局變動的影響。

目　次

第十二冊　吳越佛教之發展

作者簡介

　　賴建成教授，宜蘭蘇澳人，文化大學史學研究所博士。民國 73 年，依明復法師修習佛教史與禪學，擔任過《獅子吼雜誌》、《佛學譯粹》編輯，並在海明佛學院、蓮華山淨土專宗佛學院、華嚴蓮社、圓光佛學院，教授中國佛教史等課程。又於華嚴蓮社、法光禪寺、景文科技大學，開設禪學、華嚴與禪、禪修與氣功等講座，專長除了氣功、術數之外，多著重在晚唐宋初的禪宗與天台

教史之上，發表的論文有三十多篇。出版的專書，除了《吳越佛教之發展》之外，另有《晚唐暨五代禪宗的發展——以與會昌法難有關的禪門五宗爲重心》、《藝術與生活美學》。民國 96 年 2 月，以《台灣民間信仰、神壇與佛教發展之省思——台灣宗教信仰的特質》一書爲主著作，升等爲正教授。

提　要

漢末，佛教東來，迄隋唐之際，承先賢五、六百年苦心探研之結果，中國人理解佛法漸深，能融會印度之學說，闡發義理，自立門戶，蔚成宗派。安史亂起，佛教在北方受到摧殘，聲勢驟減，僧紀蕩然，又經會昌滅佛，典籍湮滅極爲嚴重，教下各宗因之日趨衰落，唯有禪宗一枝獨秀。下至五代，北方兵革時興，佛教受到限制，無甚發展，而南方諸國皆崇佛，佛教續有亢進。諸國中，以吳越錢氏崇佛最盛，諸宗漸興，影響後來佛教發展甚深。本文即基此一旨趣，試作論述。全文共分五章：

第一章「緒論」：凡三節。除探討佛教中國化之問題外，說明吳越佛教發展之歷史背景，並由此漸入本文主題，以顯吳越佛教之重要性。

第二章「吳越之宗教政策」：凡四節。除敘述宗教政策之緣起外，並分別說明諸王之宗教措施、與僧侶之關係，及佛教各宗派如何在吳越境內弘化，且兼論道教。

第三章「吳越之佛教情勢」：凡四節。除說明吳越佛教各宗派之宗風、人物及其影響外，並統計各州寺院數目，分析其盛況、經濟及其社會之活動。

第四章「吳越佛教對文化之貢獻」：凡四節。指出除社會之救濟與公益事業外，佛教對印刷、文學藝術、建築等方面，有卓越之貢獻，兼論吳越佛教與日、韓佛教文化之交流。

第五章「結論」：就前述各章作一 1 玄之總結外，指出吳越佛教在發展上有何特性、密宗之影響力、世學與佛法之關係。而吳越佛教對後世影響有多深、各宗之思想、僧侶之生平諸問題，皆待來日繼續研究。

目　次

第十三冊　宋人筆記中的汴京人民生活風尚

作者簡介

蔡君逸，1986 年 6 月文化大學中文系文學組畢業，1989 年 6 月東吳大學中文研究所碩士班畢業，1989 年 9 月任教於弘光護專（今改名弘光科技大學）。

專長：筆記小說、古食譜、遊記。

興趣：古典文學、書法、篆刻、旅行、古今食譜食事。

提　要

本論文以汴京平民日常生活之情形爲論述重點。其目的，在重現千年前北宋汴京之繁華，並探究其所以興、衰的原因。所使用資料，則爲宋人筆記，且略及史籍、詩文。乃先就資料作成歸納，再加以演述。全文計十四萬字，分九章並引言、結語。現即於各章內容，敘述如下：

第一章「汴京概述」，相當於全書緒論，乃就汴京之地理形勢與市政建設，作一概略性的介紹。

第二章「汴京人民的飲食」，分食與飲兩部分，論述汴京人民於此方面的各項問題，以介紹汴京著名的食品、食法爲主。

第三章「汴京人民的衣冠服飾」，分爲男子、婦女兩部，敘述其冠戴、衣裳等，並附述各職業人等服色。重點在敘述其時人民服飾之樣式與演變。

第四章「汴京的住與行」，敘述汴京人民在居住環境與日常器用，以及交通運載方面的問題。

第五章「汴京人民的娛樂」，分爲技藝與遊戲兩方面，其中技藝爲各項技術才藝的表演；遊戲則涵蓋動態與靜態，重在親身參與。本章藉此二者略窺汴京人民的休閒生活。

第六章「汴京人民的歲時生活」，乃是介紹汴京人民於一年各個大大小小的節日中，其歡娛、慶祝之情。至於敘述重點則在節慶之習俗方面，以見出一般平民於此特殊日子中的生活情形。

第七章「汴京人民的禮俗」，是從祭祀、婚姻、育子、喪葬等方面，敘述

汴京人民的各項禮儀及風俗。

第八章「汴京人民的信仰」，乃從具有普遍性的佛、道等宗教信仰以及地方性的神明崇拜為敘述重點，旨在說明當時汴京人民精神生活之一面。

第九章「汴京之社會與文化」，相當於本論文之結論，乃從園林、商業活動、社會風氣、文化四方面，對汴京的社會、文化發展，作一綜述，並探論汴京所以繁華、衰敗之原因。

以上即是對本論文之研究目的、方法及論文內容的一個大概說明。而本文的主旨，則希望能經由對汴京繁華的敘述，深入瞭解當時人民的生活；並冀由汴京興、衰的歷程，獲取歷史的借鏡。

目　次

第十四冊　宋代的俠士

作者簡介

　　蔡松林，1972 年冬至出生於台灣北端的台北縣瑞芳鎮，爲礦工家庭子弟。花蓮師範學院教育學學士，佛光歷史學所碩士，文化大學史學系博士班研究生。中研院「年輕學者論文精進計畫」學員，現任基隆市南榮國小總務主任。

　　主要研究領域爲宋史、社會文化史。目前關注的課題有：俠士、游民及其對社會的影響力等問題。熱愛：歷史、思考、敘事、音樂、看海、寫作。

提　要

　　俠士是中國歷史中一部分特殊的人群，存在於各個朝代與環境裡；他們講求自己所定的人間正義，有著各式的俠義行徑、精神、性格展現，對國家、社會皆產生不小的影響力；至今，前人的研究與累積的文章亦頗有些許。然而部份研究中過於美化俠士的形象，缺少俠士與時代、環境互動的探討，因此，所論略嫌空泛。筆者以爲俠士研究當從歷史學角度出發，進行相關史料歸納、分析，方能得到較爲中肯的論述。

　　在中國歷史上，宋代是非常特殊的時期。綜觀整個宋代，外患頻仍、戰事不斷，可說，俠士活動狀態有很大的討論空間，但相關研究的探討卻相當薄弱與不全。因此，探討宋代俠士的活動方式、風格，當時官民對俠士的普遍看法，俠士與朝廷、法律之間如何取得關係的平衡，即成爲筆者極感興趣的研究課題。故以此爲論題，整理宋代相關史書、筆記、方志、文集、前人研究等展開研究與分析。

　　本書共分爲五章。第一章：「緒論」；敘述研究動機、目的及方法，和回顧國內外對此範圍的研究概況。第二章：「俠士的概況與歸類」；分析「俠士」在宋代的定義與意涵，整理俠士的活動時期、地域分布、出身、家世等圖表；並分析相關基本概況進行俠士類型的歸納。第三章：「俠士的個案研究」；首先回顧唐、五代時期俠士的特色，再以北宋、北宋末南宋初、南宋三個時期爲背景，挑選具代表性之俠士個案進行細部討論、比較、分析。第四章：「俠士與社會的關係」；則試圖處理俠士與階層流動、法律、朝廷、社會經濟的複雜關係，輔以俠士活動方式統計整理及其衍生之相關問題探討，考察宋代社會狀態下俠風的特色與轉變。第五章：「結論」；肯定俠士的正面意義，針對各章成果與問題進行梳理，爲此論題做總結。

目 次

第十五冊　北宋陝西路商業活動

作者簡介

　　江天健，國立中興大學歷史學系學士（1979），私立中國文化大學史學研究所碩士（1984），博士（1989），美國德州大學奧斯汀分校訪問學者（1997），現任國立新竹教育大學環境與文化資源學系教授。主要研究興趣為宋代社會經濟史、歷史地理等範圍，著有《北宋對於西夏邊防研究論集》（台北：華世，1993），《北宋市馬之研究》（台北：國立編譯館，1995），發表論文計有二十餘篇。

提　要

　　傳統上認為中國自唐代中葉安史之亂以來經濟重心逐漸南移，相對上，往往很容易忽略對於當時北方經濟發展之研究。事實上，中國各處懋遷有無，相互倚賴，構成一個不容分割之完整脈絡，故北宋時期北方經濟仍有其可觀之處。

　　當時陝西路儘管喪失昔日隋唐盛世核心地位，但受到宋夏長期對峙，軍需迫切；拉攏西方諸國，以夷制夷；邊陲地區自然人文環境特質等因素影響，形成對於區域內、外及國際貿易活動十分頻繁，實居於商業流通圈的樞紐地位；並且具有特殊之處，例如：馬匹、糧糒及解鹽貿易等等，非其他地方所能取代的，成為北宋全國經濟活動之重要一環。若不深入探討，無法盡窺宋代社會經濟之全貌。

　　本文分成四部分來探討，首先，論述陝西路地理沿革、自然人文景觀；其次，分析本路商業活動概況；再者，從與國內其他地區商業活動及對西夏、西方諸國等地國際貿易活動兩個角度來進行剖析；最後，作一結論，以為結束。

目　次

第十六冊　北宋前期文官考銓制度之研究

作者簡介

雷家聖，民國 59 年 5 月生，國立中興大學學士、碩士，國立台灣師範大學博士。現為玄奘大學歷史學系兼任助理教授。主要研究領域為宋代政治與制度，另外對中國歷代貨幣史、中國近代史也有相當深入的接觸。除了碩士論文〈北宋前期文官考銓制度之研究〉（1999）、博士論文〈宋代監當官體系之研究〉（2004）外，另曾出版學術專書《力挽狂瀾：戊戌政變新探》（2004），以及發表學術論文、書評十餘篇。

提　要

本文除第一章「緒論」、第六章「結論」之外，共分為四章。

北宋前期的政治制度，雖然有因襲隋唐五代之處，但亦有變革創新的地方。本文第二章「北宋初期文官考銓制度之奠立」，即介紹北宋前期政治制度的一個特色，就是「寄祿官」、「差遣」分立制度。此外，也敘述由唐代到宋初文官考銓制度之流變，並介紹在宋太宗時期新設的考銓機構，也就是審官院與

流內銓。

　　第三章「北宋前期的文官及其考銓機構」，敘述北宋前期的文官分成兩類：一為京朝官，是以唐代三省六部諸寺監的官職名稱作為寄祿官階，其實際職務則由「差遣」決定，而京朝官的磨勘即由審官院負責。另一類為幕職州縣官（選人），是基層的地方文官，其磨勘則由流內銓負責。這兩個考銓機構都具有相當的自主性。此外，在仁宗時期，另設了「磨勘諸路提點刑獄司」，後改稱「考校轉運使副提點刑獄課績院」（簡稱考課院），負責考課地方諸路之長官乃至知州、知縣的政績。

　　第四章「北宋前期文官考銓制度之運作」，敘述官吏入仕之後，必先擔任幕職州縣官，按出身之不同，有不同的任期規定，任與任之間上必須隔若干選（年），因此幕職州縣官的仕途是相當漫長的。但若有舉主保薦，則可以在擔任幕職州縣官四至六年之後，升為京朝官。此外，通過「試判」，幕職州縣官更可以在任官三年之後，即升為京朝官。升為京朝官之後，大致每三年升一階（英宗時改為四年），升遷的方式則依出身之不同而遲速有異。但是，在「差遣」的除授上，則另有一套不同的管理制度，稱為「資序」。資序分為初任、再任監當官，初任、再任知縣，初任、再任通判，初任、再任知州，初任、再任提點刑獄，初任、再任轉運使，三路使，三司副使等階層。必須擔任滿某一階層的差遣，才能「理」更高一階層的資序，得到擔任更高一階層差遣的機會。舉主制度使得賢者不致長期沈淪下僚，資序制度則保證官員不致驟進，兩者相輔相成。

　　第五章「變法改制與考銓制度」，敘述范仲淹慶曆變法時，主張以嚴格的保舉制度來代替三年遷一官的資格制度，但因反對者太多而失敗。王安石熙寧變法時，則為了便於推行新政，打破資序體制，拔擢小官以膺大任。元豐制度改革時，更將審官院與流內銓裁併入吏部，成為宰相的下級機構，使考銓制度失去其自主性。

　　北宋前期由於考銓機構具自主性，使得宰相不致過分任用私人，朝廷中的黨爭也甚少影響到吏治的根本。而舉主制度與資序制度的配合，也使得官吏的升遷管道富有彈性，賢者在基層經過一番歷練之後，得以脫穎而出，故北宋前期吏治尚稱清明，名臣堪稱輩出。但王安石打破資序制度在前，元豐改制使考銓機構喪失自主性在後，使得宰相得以任用私人，蔡京、秦檜、韓侂胄、賈似道等人，遂得專權擅政。黃宗羲所言：「有治法而後有治人。」（《明夷待訪錄‧原法》）豈不善哉？

目　次

南宋中興名相——張浚的政治生涯

作者簡介

蔡哲修，私立輔仁大學歷史學系畢業，私立東海大學歷史研究所碩士，國立中興大學歷史研究所博士班肄業。歷任私立吳鳳工商專科學校、國立高雄餐旅管理專科學校、國立虎尾技術學院等校教職，目前任教於私立吳鳳技術學院通識教育中心。研究領域為宋代政治史及宋代社會史，曾發表「南宋偏安局面的形成」、「熙寧政爭研究」系列，以及〈「以夷制夷」策略的運用——論宋仁宗時代禦夏戰爭中的和戰問題〉、〈焚書與宋代政爭〉等論文多篇。

提　要

張浚（1097～1164）一生的政治活動，跨歷高宗一朝及孝宗初年。其間對外堅持進取立場，於建炎三年至紹興三年（1129～1133）受命宣撫川陝，捍禦金人，凡歷富平、和尚原及饒風關三次戰役；紹興五年至七年（1135～1137）拜右僕射、都督諸路軍馬，大敗偽齊，進圖中原；孝宗隆興初年（1163～1164）復總軍政，發動北伐。對內在重建政治秩序的信念下，繼平苗、劉亂事之後，制裁跋扈武將范瓊、曲端；整頓軍政，罷劉光世兵柄。政治參與幾乎涵蓋了南宋初期政治發展的全部過程，因此張浚可以說是觀察南宋中興政局不可忽略的重要人物。

本文主旨有二：一是透過張浚的政治參與，觀察南宋初期政局發展的大勢。二是藉著對時勢與環境的討論，來分析張浚在此一時期政治上所扮演的角色，並檢討其得失。

本文除緒言和結論外，分為四章。為便於討論，依史事繁簡，將第一次執政時期分為宣撫處置司時期（1129～1133）及都督府時期（1135～1137）；貶謫時期則併入第二次執政時期。首章透過張浚崛起政壇的過程，觀察高宗中興所遭遇的難題，作為全文討論的基礎。第二、三章分別就張浚宣撫川陝及拜都督諸路軍馬時期的作為進行討論，並檢討此一時期宋、金關係的變化，以及宋廷重建中央集權的經過。末章則以隆興和議為主題，討論隆興北伐的背景，張浚經營北伐的過程，符離敗衄的原因，以及善後工作。

目 次

第十七冊　從南宋中期反近習政爭看道學型士大夫對「恢復」態度的轉變

作者簡介

　　張維玲，1984 年生，台大歷史系學士班、碩士班畢業，目前就讀台大歷史系博士班，師從梁庚堯老師，研究領域與為宋代，目前以政治史為主要方向。

提　要

　　本文主旨是藉皇權、近習、道學型士大夫、恢復議題四因素的相互作用，架構起南宋中期的歷史進程，以闡述南宋中期的政治特色。道學型士大夫是余英時先生在《朱熹的歷史世界》提出的概念，指該士大夫與道學家有共同的理想或理念「型態」，此即是與朱熹「氣類相近」之處，他們之間存有複雜的交遊網絡；近習則是皇帝身旁、處於內朝的寵臣；「恢復」即指「恢復中原」，是南宋特殊政治環境下的專有指稱。

　　第一章以事件為軸，並分析參與者的身分，說明在隆興元年至乾道六年，不斷向宋孝宗聲討近習之害的士大夫，即以所謂「道學型士大夫」為主。他們共同的反近習態度，就是使他們凝聚成「道學集團」的因素。道學型士大夫反對近習的深層原因，乃因近習干政破壞了「紀綱」，使外廷臣僚無法守其「職分」。此外，自秦檜當政時，便與高宗朝近習聯合，結成主和陣營；這種政治態勢延續至孝宗隆興時期，反映在主和宰相湯思退與近習龍大淵合作，並與以張浚為首的反和議派鬥爭，道學型士大夫則多支持張浚。而近習對和議的參與，多少使道學型士大夫感到和議更具不正當性。

　　第二章討論在道學型士大夫反近習的政局中，政策性議題「恢復」為何發生質變。歷來論宋孝宗的著作，一方面無法忽視孝宗寵信近習，一方面又肯定他對「恢復」的努力，彷彿兩者毫無關聯、可以分開看待。本章指出近習對「恢復」事業廣泛、深入的參與，使外廷部分官僚職權被侵奪，而軍中賄賂公行，也使恢復事業弊病叢生；其次，近習與主恢復宰相所採取的恢復策略是「急進」的，在朝野迎合急進恢復的言論充斥下，南宋很有可能未準備充分就與金開戰。這都使「恢復」在道學型士大夫心目中發生變質，成為非正義群體獲取己利的招牌，於是道學型士大夫不得不放棄與金「不共戴天」的復仇論調，並轉而強調修政「十年」，甚至贊成暫時與金和議，以攻擊急進的恢復政策。近習不論是在隆興時主和，或乾道時轉為積極參與恢復工作，都可見其配合皇帝的意志。朱熹曾說：「言規恢於紹興之間者為正，言規恢於乾道以後者為邪。」這個評論，便要置於此政治態勢下才得以真正理解。

　　第三章討論道學型士大夫諫近習與恢復後，如何面對不利的政治局勢。張說事件中，浙東事功學派也加入聲討近習。龔茂良（亦為道學型士大夫）事件尤為重要。近習曾覬為了打擊道學集團，利用諫官以「不談恢復」等罪名彈劾參政龔茂良，爾後，更以「植黨」罪名打擊與龔茂良要好的道學型士大夫，這

即是南宋中期道學首次被控結黨。但因孝宗急採煞車，而未使黨論擴大，但也因此學界容易忽略龔茂良事件。到了淳熙八年，孝宗有感於恢復之無成，一方面逐退了內廷的近習，一方面外廷的趙雄罷相，結束了急進的恢復政策。

第四章討論淳熙九年到開禧北伐（1182～1207）時期的政局，在那些方面延續自淳熙八年以前的政治態勢，「慶元黨禁」在此脈絡下將可看出其深刻意義。韓侂冑的近習身分使他遭到道學型士大夫激烈的反對，因此，他實比余英時先生筆下的「官僚集團」更有理由對道學反感。依此而論，慶元黨禁絕非獨立的政治事件，而是南宋中期道學集團與近習最後也最激烈的對決。而韓侂冑過去受到孝宗影響而產生的恢復意識，使他當權後留意軍事，似無愧於他的前輩近習，爾後更將恢復付諸實踐。未充分準備的開禧北伐，仍得到朝野蜂起的迎合聲浪，道學型士大夫則有不少人站出來呼籲謹慎，反對北伐，這也重演了孝宗乾道六年急進恢復與道學集團穩健態度的對立。

目　次

第十八冊　明代災荒與救濟政策之研究

作者簡介

　　蔣武雄，1952 年生。1974 年畢業于東海大學歷史學系；1978 年畢業于政治大學邊政研究所；1986 年畢業于中國文化大學史學研究所博士班；現為東吳大學歷史學系教授。主要研究領域為中國災荒救濟史、中國古人生活史、中國邊疆民族史、宋遼金元史、明史。先後在《東方雜誌》、《中華文化復興月刊》、《中國邊政》、《中國歷史學會史學集刊》、《空大人文學報》、《東吳歷史學報》、《中國中古史研究》、《中央日報長河版》等刊物發表歷史學術論文一百二十餘篇。

提　要

　　古來聖賢之君，非無災荒之患，惟視其救濟之方良否。如有良法，則災害可獲紓減，反之，則遺害莫大焉。故吾人可謂明末流寇之起，其原因固然多矣，但是如無嚴重災荒與救濟不力為助燃之因素，則流寇當不致有速起與擴大之理，故明代時期災荒之情形及其救濟政策頗關係乎明末國運之轉變。基於上述之旨趣，筆者遂以《明代災荒與救濟政策之研究》為本文之論題。全文計七章、二十五節、二十六萬餘言。

　　第一章：緒論——分為三節，闡述災荒與救濟之定義，及吾國歷代災荒與救濟政策之特質，並說明研究本文之動機、範圍與方法。

　　第二章：明代災荒之情形——分為四節，旨在分析明代災荒與自然、人為因素之關係，並就各種天災闡述明代災荒之嚴重。

　　第三章：明代災荒之預防政策——分為五節，旨在就明代重農、墾荒、倉

儲、水利四策，探討其預防災荒之措施。

第四章：明代平時之救濟措施——分爲四節，旨在以明代養濟院及恤貧、養老、慈幼、醫療、助葬等項，探討其平時對百姓之救濟。

第五章：明代災荒時之救濟工作——分爲六節，旨在以明代之祈神、修省、賑濟、調粟、治蝗、施粥等項，探討其於災荒時之救濟工作。

第六章：明代災荒後之救濟工作——分爲三節，旨在就明代之安輯、蠲免等項，探討其於災荒後之救濟工作。

第七章：結論——綜論明代對災荒之預防與救濟，由初期之重視演變爲末期施之不力，而影響其國運之轉變。

目　次

第十九冊　三楊與明初之政治

作者簡介

　　駱芬美，1956 年出生，雲林縣土庫鎮，輔仁大學歷史學士，中國文化大學史學碩士，碩士論文「三楊與明初之政治」（1982）（指導老師：程光裕教授）。

　　中國文化大學史學博士，博士論文「明代官員丁憂與奪情之研究」（1997）（指導老師：王家儉教授）。

　　曾在世新、輔大、海洋、實踐、台科大、護理學院、空大等校兼課。

　　目前專職銘傳大學通識教育中心副教授。

　　因長期擔任通識課程，遂涉及「台灣史」、「中國史」、「兩岸關係」與「世界史」的教學領域。「影視史學」、「田野與口述歷史」則是近年歷史教學較多採用的模式，亦為近年研究的方向與興趣。

提　要

　　歷史上許多重要史事的確立及演變，往往受到當代傑出人物睿智之啓發與影響。要瞭解明初政治權力結構層之轉變關鍵，則需留意當時的「三楊」（楊士奇、楊榮、楊溥）。

　　明代自太祖罷相後，過渡時期雖曾設四輔官，尋因功能效益不彰而廢棄，遂設殿閣大學士以爲補救，然皆僅備顧問而已。至成祖時代的內閣，在位亦僅止於此，自後歷經仁、宣、英宗三朝，內閣地位、職權提升，成爲實權之掌握者。此乃三楊相繼入閣，在閣內卓越之表現，獲歷朝皇帝寵任所致。在英宗正統初期，內閣權勢雖然高漲，卻爲明代宦禍養成之始，斲喪明代元氣甚鉅。歸

結其因，三楊之姑息養奸，以及太祖廢相後，不健全之制度使然。

三楊於明初政治既具有舉足輕重之地位，本文乃試圖以三楊的事蹟為經，所歷朝代為緯，探討三人事功之得失，如此則對於當時之政治，或許有追溯源始，深入了解的裨益。全文計分六章，其要點如後：

第一章緒論。指出明初政治之重點所在，及三楊與明初政治之關係，並闡明本文研究之動機、範圍、方法。

第二章三楊的傳略與品騭。探討三楊之家世、生平事略、及人格特質，以明三楊宦途起伏之根本原因。

第三章三楊與明初之內閣。明初內閣地位、職權之提升與轉變，乃由三楊輔政治，在閣同心輔政，造成仁、宣及英宗初年的昇平。本章之探討除先詳內閣形成、轉變之情況外，並以三楊在閣時期之政治表現，促使內閣地位逐漸加重為重點。內閣制度結構層之轉換，直接的就造成六部權力的蛻變，所以從三楊在閣時期所擁有的權限，及其實質表現，可對明初政權的轉移，尋出一條脈絡本。

第四章三楊與四朝皇帝。三楊能久任朝廷，固然由於當時政治清明，同時也因深獲當時皇帝之寵任所致。本章旨在探討三楊與四朝皇帝之關係，及如何取得皇帝的信任與重用，而成為舉足輕重之角色。然三人寵遇有殊，此則端視其個人才能之表現、時代之需要，以及皇帝之好惡，而互有起伏。

第五章三楊與宦官權勢的消長。英宗以幼沖即位，太皇太后委政三楊，然此時，卻隱藏宦官擅權之危機。論者對以三楊下世，振始弄權，而謂若三人在，當不及此；或以為三人依違中旨，內閣失柄，而釀成宦禍。本章即針對此探討三楊對王振之弄權，是否有負有姑息養奸之責，抑或在當時的客觀情勢下，已有莫可如何之定局。

第六章結論。總結各章所揭櫫之大要，並予三楊功業之得失，予以一客觀之評價。

目　次

明宦官王振之研究

作者簡介

　　王文景，臺灣省臺南縣人，1970 年生。國立中興大學歷史學系學士、碩士，現為國立中興大學歷史學研究所博士班研究生。研究明清史與通識歷史教育等專題，現任中國醫藥大學通識教育中心講師，著有《影像、資訊、虛擬與歷史》（98 年出版），執行校內專題研究計畫〈明代醫學中的醫病關係考察——從生命史學的觀點出發〉並在《通識教育年刊》、《通識教育學報》、《通識教育與跨域研究》等發表學術論文數篇。

提　要

　　本文分五章探討。第一章為明初宦官組織與權勢的發展。探討宦官組織的建立與二十四衙門之由來及宦官權勢發展。第二章探討王振竊權的契機。論述王振對司禮監及錦衣衛與東廠的掌控。第三章為王振的竊權。探討王振與英宗之關係及王振如何侵奪閣權以及他與士大夫間之關係。第四章探討王振與土木之變。探討王振用事時的對外態度及引發土木之變的原因。第五章則探討王振

的宦官意識與宦官現象。

　　明初太祖廢相後，內閣漸行丞相之責，復有條旨施行。內閣與皇帝間章奏往返，由司禮監居中傳遞。英宗即位後，令王振出掌司禮監，遂以此控制內閣。又，廠衛本為皇帝的監控機構，為控制臣下之具，王振以廠衛監視內外廷臣，反對其議者必下獄殺之，遂得以欺上瞞下，竊權干政。又欲立威朝中，遂對外發動麓川之征。此役專務西南而忽略北方防務，以致蒙古族勢盛。因處置邊務失當使也先愧怒入侵，而有土木之變起。王振欲導英宗親征，其決定突然，行事倉促，復因不知兵事，決策錯誤，終至英宗被俘，其亦身死行伍。王振為閹人，宜從心理學上的人格發展予以研究。藉由意識形態之探討，或可得到較合理解釋，對其擅權行為亦可得到某種程度之釐清。

目　次

附 表

附 圖

第二十冊　熊廷弼與遼東經略

作者簡介

喻蓉蓉，祖籍湖北省沔陽縣，出生於臺灣屏東車城鄉，幼時就讀於鳳山誠正國民學校，初中考入省立鳳山中學，高中進入臺南女中。臺灣大學歷史系學士、政治大學歷史研究所碩士、中國文化大學史學博士，致力於婦女史與明末東北邊防研究研究，撰述《五四時期中國知識婦女》、《熊廷弼與遼東經略》碩、博士論文，現為世新大學通識教育中心副教授。

自民國 78 年任教世新迄今 20 年，深知「歷史融入生活 生活印證歷史」之切要，致力於歷史教學之研究，前後舉辦 8 次歷史教學觀摩展。民國 85 年榮獲外交部推薦，赴美芝加哥進行歷史教學成果巡迴展。民國 88 年應邀赴中央大學歷史研究所講授「歷史教材教法」課程，進而榮獲世新大學績優輔導教師。著有《喚起歷史的幽情——探索歷史教學新方向》一書，後經增訂充實，更名為《曲徑通幽 尋覓歷史》，書後附有學子專題報告目錄近千。開設課程包括「婦女與近代中國」、「明清生活史」、「人類與傳染病史」、「歷史探謎」、「歷史與文學」、「中國歷史與文化」等。

民國 89 年，曾於上年親率世新學子參與製作的臺北榮總 40 周年院慶特刊

《歷史篇——跨越世紀　榮總 40》與《醫療篇——視病猶親　追求卓越》兩書，榮獲哈佛大學燕京圖書館收藏。民國 92 年，與時任臺北榮總兒童感染科主任、現任兒童醫學部部主任、陽明大學小兒科教授之湯仁彬醫師攜手主編《後 SARS 時代身心靈重建之路》。民國 94 年，耗時兩年半撰述完成的國史館口述歷史《臺灣免疫學拓荒者——韓韶華先生口述訪談錄》榮獲行政院優良政府出版品獎。民國 96 年，策畫主編振興復健醫學中心四十周年院慶特刊——《榮譽傳承　振興 40》，民國 98 年出任臺北榮總院史顧問與特約撰稿。

提　要

　　本論文以明末鎮守邊防、經略遼東而聞名於世的熊廷弼作爲探討重心，除了對熊廷弼之家世、個性、與志趣加以研究之外，尤著重熊廷弼於前後兩次擔任經略時期之獨樹一幟，先後以「南顧北窺」、「三方布置策」與努爾哈赤棋逢對手，相持不下。同時又能「守中帶攻」，「穩中求進」，成爲明末能與金抗衡而不可多得的傑出軍事人才。雖然其擔任「前經略」之時期，不過爲一年又兩個月，卻能於極短時間之內將遼東冰消瓦解之局轉變爲珠聯璧和之勢，遼東局面至此而大有起色，甚至能夠有所作爲而東事可平，謂之爲「明之干城」，實當之而無愧。及至袁應泰喪失遼陽、瀋陽，熊廷弼再度被起用爲遼東經略之「後經略」時期，約爲八個月，朝廷內部政爭、黨爭錯綜複雜、交互影響，致使熊廷弼根本無從施展其「三方布置策」，又與時任遼東巡撫的王化貞「經撫不和」，致有廣寧之失，終以「國之干城」遭遇「傳首九邊」之悲劇下場。清乾隆皇帝譽其爲「明之曉軍事者，當以熊廷弼爲巨擘。」推崇其折衝疆場、慷慨建議與愷切敷陳，並認爲明帝若果能採用則不致敗亡，實爲對熊廷弼之公允評價。

　　本論文計二十餘萬字，共分爲九章，內容如下：第一章、緒論；第二章、明朝對遼東之經營；第三章、熊廷弼之家世及其初露頭角；第四章、江南學風之整頓及杖殺諸生之風波；第五章、首膺經略大展雄才（一）；第六章、首膺經略大展雄才（二）；第七章、東山再起與「三方布置策」；第八章、熊氏之兔死及其評價；第九章、結論；文前附圖十二幅；文內附表四份；文末附有大事紀要。

目　次

第二一冊　明清無賴的社會活動及其人際關係網之探討 ——兼論無賴集團：打行及窩訪

作者簡介

　　蔡惠琴，國立清華大學歷史研究所畢業，研究範疇偏向歷史上的民眾文化、基層社會，認爲歷史研究不應漠視平民百姓階層，唯有從普羅大眾的觀點出發，才能一窺前人的眞實生活軌跡。目前擔任大學教職，教授通識課程等相關科目，曾發表〈明清無賴集團之一——「打行」探析〉等十餘篇文章、書評。

提　要

　　此篇論文主要是討論明清地方無賴份子的社會活動及人際關係網兩大部份。

　　在本文的第一章中，首先探討明清時期「無賴」一詞的定義，進而界定本文研究的對象爲在地方活動、游手好閒，沒有正當職業的份子。

　　從第二章開始，探討明清無賴的社會活動，包括賭博、迎神賽會、扛抬、搶孀等活動，這些活動的史料來源，主要是以地方志爲主，筆記小說爲輔，因正史中這類史料並不多，故正史所用有限。由明清無賴的社會活動可表現出當時的百姓生活及社會問題。

　　在無賴的人際關係網中，與無賴有來往的份子，有世家子弟、奴僕、胥吏、妓女、乞丐等，本文就這些對象進行兩者之間關係的探討，而無賴與士紳的關

係因牽涉複雜，不在本文討論之內。由於明中期以後，健訟風氣日熾，包攬訟事的行為亦隨之而起，訟師、胥吏與無賴皆有勾結，故本文另闢一章，就包攬訟事方面論無賴與胥吏、訟師的關係。

明清時期出現一些由無賴聚集而成的團體，本文稱之為「無賴集團」，由於史料收集有限，本文只探討「打行」、「窩訪」等無賴集團，「打行」主要是一個以勇力為主的無賴集團，由明初到民國初年，其活動仍一直持續著，隨著時間的演變，其活動也日趨多元化。本文討論打行的問題有一些看法與日本學者不同，這在文中皆有詳細的論述。

「窩訪」則是指無賴份子藉著當時的考察制度，利用謠言、歌謠陷害他人或挾制官府，達到一己獲私利或報仇的目的。這些無賴集團皆受到當時士人階層的嚴厲批判。

最後本文嘗試探討無賴階層的社會流動，一般平民或許因賭博等因素向下流動為無賴，而無賴則是藉著當時的捐納制度向上流動。不過，這種流動卻是表裡不一的身份轉變，無賴雖由捐納而為生監，但一般士人仍「羞與之為伍」，無賴的行為也依然故我，故這種向上流動雖在表面上，身份提升了，但在實質活動上，仍與未流動前是一樣的，由於這方面的探討是屬嘗試性質的，所以仍有再探討的空間。

結論則是針對明清無賴可再深入探討的問題做一介紹。

目　次

第二二冊　恭親王奕訢與咸同之際的外交與政治糾紛
（自1858年至1865年）

作者簡介

段昌國，畢業於台灣大學歷史系及歷史研究所，獲學士與碩士學位後，負笈美國，就讀普林斯頓大學歷史系，得碩士與博士學位。曾於中興大學、中央大學、交通大學、宜蘭大學服務，擔任系主任、院長等職務，現任教於佛光大學。

段博士，少時即喜涉獵文史，窮理研幾，就讀台大時，專修近代中國史，於時代變遷，特有觀察。赴美後，轉讀歐洲史、俄國史，放懷於近代之比較轉變，嬗遞演進。文史之外，並優遊於戲劇、藝術、電影、小說之間，悠然自得。著有中英論文書籍，新近出版「十五至十八世紀歐洲變遷」，及「變局與突破：近代俄國思想與政治」。

提　要

晚清的中國政壇上，不僅有滿漢傳統的對立存在，而且也有新舊思想衝突的暗潮在相激相盪。這兩種路線的交錯發展，構成晚清錯綜複雜的政治局面，更因而影響到中國，產生接二連三，波瀾壯闊的自強革新與革命行動。

咸同之際（1858～1865），不論從外交上或政治上來觀察，都面臨著劇烈的變動。中國傳統的夷夏觀念不斷的調整適應新的世界局勢，是外交上最具特色的轉變。恭親王奕訢無疑是一個典型的代表人物，他的外交思想事實上並不能超越「以夷制夷」的窠臼，但他發陳出新，在舊有的基礎上推進了一大步，更重要的是，他能從實際的折衝樽俎中，吸收了新的知識與觀念。

從外交上來觀察，他從儒家思想的基礎上，發揮弭兵與和平的觀念，挽回了北京陷落後的危局，他周旋英法使臣之間，對於國家主權與國際公法有

較清楚的認識，這方面的成就，的確超過了耆英與肅順。而且從以夷制夷的立足點出發，瞭解外交的憑藉是軍隊的艦炮力量，因此主張練兵，師夷長技以制夷，創設總理衙門，以此為革新運動的發祥機關，可以看出他的外交觀念不限於條約的簽訂，但也可說明他的野心不僅僅是以外交為限。

從政治上觀察，奕訢遭遇非常曲折，他與咸豐早年失和，以後肅順當道，更難以暢所發展。咸豐晚年面臨英法北犯，倉皇出京，由於外交形勢的刺激，引起政治上的大變動，恭親王臨危受命，力挽狂瀾。但咸豐對他嫌隙日深，肅順等極力排擠，使他在北京主持撫局，多所掣肘，咸豐死後，終於攘臂而起，與慈禧聯手發動政變。過去研究大都以慈禧為主探討，本文則從奕訢的角色深入分析。在近代變局中，奕訢浮沉其間，有辛酉的政權政爭，有乙丑的罷革之變，以及掌理總署推動中興之舉。他在政治上的奮鬥事蹟與遭遇的苦悶，不僅代表了晚清政情的迂迴曲折，而且也反映出晚清政治上的基本癥結。

奕訢被罷議政王後，逐漸消沉，我們從恭王的政治經歷，看到清議日熾，使得政壇上的風雲人物屢屢受屈，政治措施亦遭束縛，而母后臨朝的局面已定，權力一尊，因此政情雖趨迂緩，但清廷國勢反而愈變愈壞，終於一敗而塗地。

目　次

宣統朝的政治領導階層（1909～1912）

作者簡介

詹士模，臺灣省嘉義縣人，1953 年生，臺灣大學歷史系畢業，臺灣大學歷史研究所碩士，中正大學歷史研究所博士，曾任成功大學歷史系兼任講師、助理教授，嘉義農專共同科講師、副教授，嘉義技術學院共同科副教授，現任嘉義大學史地系副教授。著作有：《宣統朝的政治領導階層》、《漢初的黃老思想》、《反秦集團滅秦與分裂戰爭成敗之研究》及《秦楚漢之際軍事史研究》等書。

提　要

光宣之際，政權雖然和平轉移，但是宣統朝政治領導階層的結構缺陷——滿族親貴識見與能力不足，卻種下了清朝滅亡的禍根。宣統朝兩位最高領導人——隆裕太后與監國攝政王載灃，皆庸弱無能，導致滿州親貴紛紛掌權。

本文運用政治學的菁英理論分析宣統朝的政治領導階層，探索其政治派系與權力鬥爭；政治菁英的流動與變遷，及其對宣統朝政局的影響。

探討政策與決策時，利用政治學的決策理論，分析宣統朝中央政治的決策者與決策過程。討論宣統朝兩項基本國策——中央集權與預備立憲，並探究領導階層政治態度轉趨保守及其後果。

本文最後探討宣統朝政治領導階層應變能力與清朝覆亡的關係。川路風潮清政府處理失當，促成四川人民武裝抗爭。武昌起義後，清政府未能速滅革命軍，造成革命聲勢壯大。本身之兵力與財力亦不足對付各省獨立。攝政王載灃為了平亂，不得已重新起用袁世凱，袁世凱卻運用權術與軍隊逼迫攝政王與清帝退位。

目　次

第二三冊　晚清中國朝野對美國的認識

作者簡介

　　吳翎君，國立政治大學歷史學博士。國立東華大學歷史系教授。主要研究專長為近代中美關係史。著有《美國與中國政治，1917～1928——以南北分裂政局為中心的探討》（1996）、《美孚石油公司在中國》（2001）、《歷史教學理論

與實務》（2004）等專書。本書為作者 1987 年畢業於國立台灣大學歷史研究所之碩士學位論文，指導教授為張忠棟先生。

提　要

　　本書探討 1784 年～1900 年間中美早期關係發展中，中國朝廷及民間知識份子如何看待美國，中國人從何途徑了解美國歷史、地理與文化？以中文書寫的最早美國史論述，是通過何種管道產生及呈現怎樣的美國印象？而通過逐步條約關係的建立、商務的拓展和中美文教關係的演變，中國朝野對美國的理解又產生怎樣的變化？1860 年代以後中美間重大政治事件，以及美國的排華運動，又怎樣影響中國朝野對美國的認識？洋務派與變法派心目中的美國式民主究竟呈現怎樣的圖像，其又如何評價美國民主政治？本書試圖從上述論題剖析晚清中國朝野對美國的認識。

目　次

第二四冊　從民間出發：民國初年的中等教育改革
（1912～1926）

作者簡介

易正義，1956 年生於台灣基隆市。

1979 年淡江大學歷史系，1988 年政治大學歷史所碩士，2009 年中國文化大學史學所博士。

亞東技術學院副教授。

提　要

　　民國初年的中等教育改革，是中國中等教育歷經引進、調適和定制的過程。改革因理想、因需要而起，受職業與民主教育思想所引導。更是民國建立以來唯一一次由下而上的教改運動，最大的動力來自民間教育團體，不論是確立的改革方向，或是推動改革的進程，甚至新制頒行之後規畫新課程，無一不是民間教育團體主動作為的成果。研究題為：「從民間出發：民國初年的中等教育改革 1912～1926」，其中「民間」兩字，指的就是民國初年活躍於教育界的各類、各級教育團體。這場改革的力量來自於民間，從定制後的新課程來看，改革的理想也回到了民間，不只使普通與職業合流，課程的內涵更是充滿著養成具備關懷社會、改造社會能力的現代公民。研究時間範圍定在 1912 年～1926 年之間的原因是：民國建立是在 1912 年，不論是在政治或是教育方面，都是一個新局；到了 1926 年，在廣州的國民政府成立教育委員會，在民國教育史

上，又是教育制度再次變革的開始。而中等教育的改革，在這一段時間內也完成了調適與轉換的改革，自外國引進的中等教育制度不只度過了過渡時代，而且開啓了一個全新的紀元，不只實現了普通與職業教育合流的目標，而且奠定了現行兩級制中等教育的基礎。

目 次

第二五、二六冊　先秦知識分子的歷史述論

作者簡介

謝昆恭（1958～），台灣彰化人。國立台灣大學歷史研究所博士。曾任大葉大學通識教育中心專任講師、副教授，現職大葉大學造形藝術學系專任副教授兼彰化縣老人大學書法班指導老師。曾獲雙溪文學獎、全國學生文學獎、國軍文藝金像獎、彰化縣礦溪文學獎、台中縣文學獎等現代文學獎項 10 餘次；國科會著作成果獎助、教育部優良教師等獎項。著有詩集《走過冷冷的世紀》、《那一夜，我們相遇》、散文集《碉堡手記》。

提　要

古代中國的知識分子，一般是指春秋戰國以下，由先秦諸子開其端緒。本文基於對歷史的認識以及相關的述論，在不以求全的認知下，早於先秦諸子，應有相應於時代發展而產生的一群知識上的「有職之士」，就文化發展的作用而言，不妨以廣義的知識分子稱之。因此，巫、史以下，至春秋時期列國的「有職之士」，是本文討論的對象。

先秦諸子之前無私家著作，無法像子學時代的研究，取其一家一派或一人之作以為探索。相關的資料散見於幾本古典的載籍，本文取資的是《詩經》、《尚書》、《逸周書》、《左傳》與《國語》。

就知識的積累或轉化、深化而言，不能捨離實際的應用，包括一己之身並

其推擴的群體思慮。本文所指涉的「歷史述論」，含攝的主要是針對當代知識分子所傳誦、勾稽、鋪敍、申揚的歷史情狀，討論諸如此類的述論出現的時、空情境；同時說明其中的實際狀況，以論證此類歷史述論的應用實質。

本文除緒論與結論，計分五章：

第一章：知識的累積與傳承並其與群體發展的關係，不能沒有一番疏理、審視。本文首揭原型知識分子 巫覡、瞽、史歷史述論的形態。從三者的身分、地位、角色的同質性、分化性，討論三者在歷史述論上的大概。約略而言，巫覡與瞽師的歷史述論或受制於本身職任上宗教性質大於世俗性，或因身障之故，不能像史官有更深入更具體的呈現。使如此，三者實際上是構成歷史述論承擔者的最早成員。

第二章：典冊，尤其是諸子之前的典冊，是文化集體創造的彙纂，也是早期知識分子智性的集中呈現，其中有豐富的歷史內容，與關於歷史認識的述論。《詩經》涉及商、周二代史。〈商頌〉透露商人的國史構成，也鼓舞殷遺的追步武心思。〈周頌〉、〈魯頌〉、二〈雅〉，則集中體現周人的國族思維，舉凡肇建、突破、茁壯、奄有天下，莫不深致情思。同時對於西周末季，民人殄瘁的情形，多所關注。兩相究詰，《詩經》中知識分子的歷史述論，實有某種程度的社會性。

第三章：《尚書》與《逸周書》的典、謨、誥、誓、訓、命等，皆與政事治道緊緊相扣，是典型的「述古之作」。而「述古之作」除了作為文獻存真，更有其現實的考量，亦即爲了闡明「當世之務」。因此，在《尚書》與《逸周書》中的歷史述論，主要是周代（尤其是西周）的知識子針對典冊遺留的夏、商資料加以揄揚評騭；同時貼近己身的時代，論證政權變異的不可逆性，以強化周族的憂患意識，彰顯周族聖王崇隆的道德、敬恪形象，將《詩經》中的人格賢王的述論深度、廣度，進一步加以詮證。

第四、五章：《詩經》、《尚書》中的知識分子，除了少數幾人之外，大部分不知其人。至於出現在《左傳》與《國語》中的春秋時期的知識分子，幾乎是名姓咸具；同時其國籍、族屬，乃至階層、職任，都能尋繹其詳。數量大的個別知識分子，分屬於不同的政治體（國家），分處於二百餘年的歷史鉅變階段，對於「當時」、「此地」的現實境遇，常見此輩人物推衍史，詳爲論析，或爲存國，或爲圖霸，或爲一身，或爲他人……。凡此種種，莫不具顯於這群知識分子的言談舉止之間。從應用的觀點言，《左傳》與《國語》二載籍中的知識分子的歷史述論，可說是深含工具性的實用指涉。

目　次

第二七、二八冊　《漢書》歷史哲學

作者簡介

　　劉國平，福建省連江縣（馬祖）人，1959 年生，馬祖高中畢業，曾就讀台北工專土木科。預官役畢，即從事北迴鐵路拓寬工程，後考取鐵路特考及電信特考（土木建築）。1984 年進中華電信，之後半工半讀，歷中興大學歷史系（夜間部）、中文系（主科二十學分）、逢甲大學中研所，最後畢業於臺灣師大國文所博士班。2001 年取得文學博士學位，次年離開服務十七年之中華電信，進入大葉大學通識教育中心。目前爲該校空間設計系專任助理教授。著有《華人社會與文化》、《司馬遷的歷史哲學》及〈史傳文學的理論建構〉、〈孔門三英與聖人之淚〉、〈「有教無類」是「現象表述」而非孔子「教育理想」說〉、〈子路冉有公西華侍坐章新析〉、〈論襄公二十九年吳子使札來聘〉、〈老子無死地解〉及〈中國傳統醫家的醫德考察〉等論文十餘篇。

提　要

　　史著之思想意識，哲學思考，或隱或顯，或多或寡，但就歷史哲學言，終不可離「系統」二字。本論文之宗旨即在探討並重構《漢書》或班固之歷史哲學，而在《漢書》之基礎上，系統化論述其歷史思考。文分九章，都三十萬言。

　　首章緒論，先層遞的說明歷史哲學、歷史與歷史哲學、《漢書》歷史哲學三者之關聯意義，次及研究動機、態度、範圍與方法。

　　二章辨明《漢書》作者，以檢驗《漢書》歷史哲學，是否可視爲班固一家之歷史哲學，間對前人之可能誤說作一辨析。

　　三章則先從前人之補續《太史公》、父祖之影響、宦途之挫折、帝王對歷史之重視與時代之需求，說明班固撰述《漢書》之史學背景；次從光武、明、章三朝之政治氛圍、儒學時代之來臨、士人政府之延續，以及讖緯之盛行等重要面向，析論時代之文化情境；再從史著之結構體例、內容範疇及撰述情感與心理三方面，闡述班《漢書》撰寫之限制與發展。

　　四章主要探求《漢書》之基本理念與撰述立場。分別從歷史之權勢人物、治國理念及典制考察撰者之中心思想；從「時代價值」析論班固之處世原則；從「價值判斷」探討其客觀的歷史意識，最後從歷史判斷，說明其撰述立場。

　　五章陳明《漢書》史料之來源、考證、選擇標準、解釋方法，並及《漢書》之歷史假設以及對歷史偶然之看法。

　　六章討論《漢書》之天人觀與通變觀。一則研究《漢書》天人思想之根源、理論依據、內涵及其對天人思想之外在批判。二則分析其究觀歷史變遷之目的、方法、內涵與其應「變」之道。

　　七章專論《漢書》經世思想。先從漢家政權之正當化、君權之起源、王道思想、封建制度與官僚體系等方面，對其政治思想作一系統性的論述，次從法理意識、刑法理念、犯罪原理及終極觀點四方面對其刑法思想做一哲學性之考察；最後對土地、糧食、貨幣、農商矛盾諸問題及其解決之道作一分析。

　　八章就廣義歷史哲學之視野，從《漢書》對文人地位之看法、對文章功用之主張、對美文條件之要求以及《漢書》之歷史想像與《漢書》之美等五方面說明其藝文思想。

　　九章結論，除將前述分章之研究作一綜合外，並對《漢書》在中國古代歷史哲學史上之意義作一定位。

目　次

第二九冊 商周時代的東夷

作者簡介

梁國真，台灣台南縣人，一九六一年生。成功大學歷史系、文化大學史學研究所碩士班及博士班畢業，一九九四年獲文化大學史學博士，現任明新科技大學人文社會與科學學院副教授。主要著作有〈從典籍金文綜論西周之衰亡〉（碩士論文）、〈商周時代的東夷與淮夷〉（博士論文）、〈試論西周晚期的外患〉、〈試論商代宗教信仰型態的演變〉、〈西周春秋時代宗教思想的演變〉等。

提 要

東夷是我國古史上強大的部族集團，大小邦國眾多，分布於山東、蘇北和淮河一帶。從傳說時代開始，東夷民族即與華夏民族互有往來，雙方關係密切，但在夏商周三代，東夷與中原王朝時常發生衝突，形成對峙的局面，為期達千餘年之久，「夷夏之爭」構成了古代民族發展史的主流之一。就整體情勢而言，三代的夷夏之爭，除了夏初東夷大君后羿曾奪取夏的政權之外，大部份時期東夷是屈居下風的。在商代東夷與商王朝的衝突較為緩和，但商代晚期東夷與商王朝的關係惡化，對商王朝的覆亡產生相當不利的影響。西周初年周公東征，敉平三監之亂，進一步降伏東夷，周人基本上控制了山東地區。但自西周中期起，淮河地區的淮夷勢力壯盛，西結漢淮地區的蠻人，東連山東的夷人，對周王朝構成重大的威脅。到了春秋時期，在列國爭霸的形勢下，東夷並未結成強大的聯盟，也沒有強國出現，而逐一遭到併滅的命運。商周時代的東夷，雖然與商周王朝處於對峙的局面，但從考古學文化來看，自商代早期開始，東夷文化逐漸受到商周文化的強烈影響，山東地區的東夷文化最後被周文化所融合，淮河地區則在春秋時代發展出燦爛的徐舒文化，最後才被楚文化所取代，東夷民族及其文化至此融入華夏文化之中。

目 次

第三十冊　貴霜爲大月氏考

作者簡介

耿振華，臺北市立教育大學歷史與地理學系暨研究所教授，中國文化大學史學研究所博士。

著有《西藏生死學的理論與實踐：西藏喪葬習俗研究》、《中國西北邊疆民族史：以部落政權發展模式與民族文化保存爲中心》，《藏傳佛教在台北地區的發展及其社會功能的探討》、《藏傳密宗在台灣地區的發展及其社會功能的探

討》，譯有《回諍論》藏文中譯、〈札巴講述格薩爾王傳之一〉。

教授中國少數民族史、多元文化與少數民族研究、歷史人物分析、歷史文獻學、中國文化史等課程。

提 要

本文共分六章十四節，旨在說明貴霜帝國統治者所屬的民族是大月氏。

首先，釐清大月氏人與吐火羅人之間的歷史誤解。將貴霜帝國所從出的貴霜侯，做一歷史性的階段分期；澄清大夏地方的貴霜侯不出於吐火羅人統領的大夏國，而出於大月氏人為統領大夏地方所做的侯建置。其次，就中西文獻史料考量中亞及西域的侯官制建置，得知侯人選多為親王，其主要工作在於為君王參謀獻計，侯的建置盛行於西元前後的西漢時代，而此建置傳統長存於印歐民族活動的地域。第三，中國甘肅省考古之月氏人在春秋末至戰國時以紅陶為主的沙井文化，其空間分佈的情形為自西向東，與甘肅省較早的馬家窯文化空間分佈的情形互為逆向。此外，據希臘文獻記載，月氏人出自印歐種西徐亞族東支的塞人部落，其東徙時代亦與沙井文化的存在時期相合。因此，月氏人在中國境內為匈奴所敗而東徙受挫之後，便再回到其所熟悉的中亞故土，並開創了貴霜王朝的燦爛文化。第四，貴霜王朝雖崛起於大夏地方，然而大夏地方的地域文化只是貴霜帝國複雜多樣文化中的一支；隨著貴霜帝國版圖的擴大與政治中心的遷移，貴霜帝國出現了以印度河、恆河流域文化為主的統一文化，因此貴霜帝國與大夏地方其他政權或種族之間的混淆，實肇因於貴霜帝國統治者所屬民族族系的誤認。

本文研究方法以文獻分析及考古報告為主。根據漢文文獻史料，首先自貴霜侯與大夏國政權及貴霜帝國政權之間演變關係進行各階段的歷史分期，並就政治建置分析其對於社會經濟以及生活方式等不同層面的影響，歸結月氏族與大夏地方先住民的文化融合。其次以漢文史料所記載西域國家所出現的侯建置，歸結出侯的官制性質與政治作用；並就東漢許慎《說文解字》以來中國傳統的字書分析侯的形音義文字性質，證明侯出於外來語的譯音；再配合西方語言學家的考證成果，由語言學估測侯官制的語源及其族屬。第三，則用月氏族侯語源及族屬的解決，進一步考證月氏族在中國甘肅省考古文物遺存中所顯示的文化內涵，而為月氏族人種遠源找出西文史料的文獻依據，並由月氏族族屬的判定，澄清其與近親支系吐火羅人的分別，說明雖處於不同時期卻因同在大

夏地方發展，導致的歷史誤解；使得月氏族在大夏地方的發展，經由時間與遷徙途徑的釐清，而更加明晰。第四，就日人根據漢文史料考證月氏族西遷的不同年代，進行原始資料的文獻追蹤，並歸結出合理的遷徙路線與遷徙年代，證明貴霜帝國第一王朝的統治族系確實出於大月氏族；至於貴霜帝國第二王朝，所顯現山的吐火羅文化或大夏地方及印度西北部在各個歷史階段所澱積的地域文化色彩，則充分展露出貴霜帝國的多元文化特色。

目　次

中國史前時代與殷代的稻作

郭鴻韻　著

作者簡介

作者郭鴻韻，生於屏東，長於新竹。於民國六十一年考入國立台灣大學歷史學系就讀，再入同校歷史研究所一般歷史組專攻中國上古史；在台大的七年學習中，曾受教於傅樂成、杜維運、逯耀東、張忠棟、趙雅書、阮芝生……等多位教授，並在中文系屈萬里（尚書）、臺靜農（楚辭）及金祥恆（甲骨學）等前輩大師案前蒙受教益。其後執教於新竹縣芎林鄉之大華技術學院，教授「中國近現代史」、「中國文化史」以及「中國的神話與傳說」等課程。今已退休，專事著述。

提　要

　　此作「中國史前時代與殷代的稻作」，其時間訂在史前之新石器時代，即人類農業文明初始之時，再及於作為中國信史之始的殷代，亦稍延後至兩周；至於其主要探索的地域，以殷王朝統治範圍的華北為主，即傳統史家所稱之中華文化的核心區，亦不可免地籠括了華中與華南等廣大的地帶。

　　此作的探討主題聚焦於：史前與殷代的華北地區是否從事於普遍而大量的稻米種植？因為目前所有的直接証物只有一件：仰韶文化陶罐上的穀痕，所以只能間接地從當時華北的土質、氣候與水利灌溉工程三者並甲骨、兩周文獻，來探討華北對稻米的需求與當地普遍且大量地實施稻作的可能，其結論是：普遍且大量稻作的可能性很低，稻作只能實施於少數如河谷等較濕潤的地帶。

　　在探討的過程中，同時得觸及到人類文化史上某些重要的議題，如：

一、植物與人類文化的緊密關聯

二、人類農業文化起源的一元或是多元

三、原生植物馴養至農業作物之艱困的歷程

四、原生區與次生區的輔成關係

五、作為穀作文化的人文背景

　　上述議題在學術界尚無有清晰且全面的輪廓，尤其是關於人類文化的起源究竟是一元或多元，至今也沒有明確的共識，但撰者深深以為：這是本文在探討的過程中最饒具意義、啟發最大的部份，值得學者們繼續努力，以為人類揭開文明初始的謎團。

目次

第一章　緒　論

第一節　初期農業與古代文明

　　目前人類所擁有的文化成就煞是豐碩，而所以引發或促成人類創造文化的動力，部份來自於人類本身的天賦與努力，而部份則應歸功於人類所賴以生存的自然環境。在自然環境所提供給人類的許多有利因素中，種類眾多、生養繁盛的「植物界」，是最不容忽視的一項。倘若我們事事都要追根溯源的話，那麼我們將會發現，人類文化的整體竟是奠基在一個龐大的「植物界」的磐石上。

　　人類是一種雜食性的動物，其食物來源半是植物、半是動物，而作為人類食物來源的動物，其食物也幾乎全是草食或雜食。則作為人類民生六大活動之首的「食」，絕對必須仰給於植物。然而人類所取自於植物的，尚不止於食用一項而已！除了食用以外，還有賴以遮蔽的屋舍、取暖的爐火、書寫必備的文房四寶、作為傳遞古人智慧星火的書籍，以及許多數不盡的與植物有關的物質條件，倘若我們於這些均付闕如的話，則充其量也不過是一些裹著獸皮、披散著長髮、在莽原密林中四處尋找食物的野蠻人罷了。

　　由此可見「植物」與「人類文化」的緊密關聯，甚至在文明昌盛的今日，植物對人類的重要性亦未稍減於昔日。然而此處所另欲強調者有二事：（一）「植物」與「人類文化」之間的關係非僅是單方面的，整個植物界之所以能夠繁衍、壯大、廣為傳佈，人類居最大的功勞。（二）徒有優越的植物性物質條件，假若人類卻無控御它的能力，則不足以對植物界造成任何作用，亦不足以在人類原有文化基礎上造成更進步的文化。

　　這些事實在人類文明初啓的階段尤爲明顯。在新石器時代以前，人類的精力與時間幾乎全部或絕大部份用之於「維持生命」上，所謂維持生命，積極言即是尋找食物，消極言即是解除外來的生命威脅。在這種情形下，文化的程度是很原始的，文化的進展是非常緩慢的。一直到人類由「採食」進展到「產食」的階段——即由被動地依賴自然食物到主動地利用自然界來生產食物，人類才一腳跨進了新石器時代的大門，人類在文化上才有突破性的發展，所以已故的英國考古學家柴爾德（V. G. Childe）名之爲「新石器時代的革命」（Neolithic Revolution）。〔註1〕而在另一種意義上，由「採食」到「產食」，即是指人類開始了對植物的種植與動物的豢養，而植物的種植又必在動物的豢養之先，〔註2〕所以新石器時代的革命在「時間」與「重要性」而言，均是以植物種植——即「農業」爲先爲要，故亦將該時代農業的建立稱之爲「農業革命」（The Agricultural Revolution）。〔註3〕

　　就新石器時代「初期的農業（incipient agriculture）」而言，如何將野生植物馴養爲人工栽培的植物，是一最具關鍵性的問題。馴養的過程包括選種、移栽、雜交……，以及人爲的精密照顧，使這種植物在形態與生理上均發生變異，以至於更能滿足人類的需要，更能適應原生區以外的自然環境。〔註4〕當然這些農業技術並非是在某一個特定的時代、爲某一個特定的人物或部族所建立的，而是在史前一個相當長的時間裏，人類累積了無數經驗的成果。〔註5〕

　　此種初期農業的建立，對於人類文化的影響是至深且鉅的，從此人類不必再像老牛拖車般紆緩地前進了，它可以在進步的道路上作小跑步，以至於速度愈來愈快直到今日。初期農業的建立，爲人類所帶來的第一個好處，是獲得了較爲可靠、較爲充裕的食物來源，據柏來德烏（R. J. Braidwood）與瑞德（C. A. Reed）二氏的估計：在舊石器時代晚期，每一百平方哩土地面積所能支持的人口爲 12.5 人，然而，到農業村落生活確立以後，卻增至到 2500 人。

〔註1〕 V. G. Childe, *What Happened in History* (New York, Penguin Books, 1942).

〔註2〕 F. D. Merill, "Plants and Civilizations", *Scientific Monthly* (1936.11), p. 431.

〔註3〕 R. J Braidwood, "The Agricultural Revolution" *Scientific American* (1960.9), pp 130~148.

〔註4〕 Te-Tzu Chang（張德慈）, "The origin and Farly Cultures of the Cereal Grains and Food Legumes", to be present conference on the Origins of Chinese Civilizations (1978.6), p. 12；張德慈撰、王慶一譯，〈早期稻作栽培史〉，《中華農學報》第九十六期（1976 年 12 月），頁 9。

〔註5〕 E. D. Merill, "Plants and Civilizations", pp. 431~432.

〔註6〕張光直更申論之曰：

人口的絕對性增加，已經是很驚人的一個表現了，但更要緊的，是在人口直接從事食物生產的人數所佔的百分比。大致的說，在那舊石器時代晚期裏面的十二個半人裏假定三分之一（四個）是老幼、三分之一是婦女，那賸下的四個壯男便每天專門從事狩獵，恐怕也只能勉供全體的溫飽；那老弱婦孺除了操作家事以外，也非得從旁協助不可。但在新石器的二千五百人中，如果分爲五百家，每家一兩個人在一年之間用半年時間從事耕作，便不但能維持全體的全年的生活，而且還有餘糧可防饑荒。閒出來的人與時間既多，基本需要以外的文明的各方面發達的機會也就能正比例地越大。〔註7〕

當然，柏來德烏、瑞德與張光直三人所作的數字估計是相當理想性的。由於各種自然性的災害與農業技術上的缺憾，使得新石器時代農業初期的人們在農業上所投入的勞力，並不能與所期望的結果相平衡；然而無論如何，由於初期農業的建立所獲致的時間閒暇，當較農業未開之時爲多，人類可利用這些餘裕從事於文化上其他項目的發展，在另一方面，由於對農業技術的謀求改進，也引發了天文、氣象、幾何、生物……等方面的知識。

一套進步的農業技術必非是一蹴可及的，必是由簡單而複雜、由錯誤而精確，其中歷經了一段長時期的改進。作爲農業最重要項目的「穀類作物」，其耕植需要相當複雜而精確的農業技術，必然是在人類積聚了相當的技術與經驗之後，才開始種植的，所以穀類作物的的較爲晚出應當是沒有疑問的。然而穀類作物對人類文化尤其是古代文化的重要性，在植物界中卻是無與倫比的。可以說，它是古代文明進展的決定性動力之一。

作爲推動古代文明的決定性動力之一，穀類作物必然具有其獨特的優異之處，事實確是如此。就營養學的觀點來看，穀類作物是一種卡洛里含量很高的食物，其皮殼之內蘊藏著種種營養素，如炭水化合物、蛋白質、脂肪、

〔註6〕R.J Braidwood & C. A. Reed, "The Achievement and Early Consequences of Food-production: a consideration of the archaeological and natural-historical evidence", *Cold Spring Harbor Symposia on Quantitative Biology*, Vol. 22 (1957).此據張光直，〈華北農業村落生活的確立與中原文化的黎明〉，《集刊》第四十二本第一分（1970 年 10 月），頁 121 所引。從原始農業的發展到農業村落生活的確立，其間尚經歷了一段很長的時間，本文所稱初期的農業泛指這一長段時間。
〔註7〕張光直，〈華北農業村落生活的確立與中原文化的黎明〉，頁 121～122。

礦物質、維生素，其營養遠較熱帶果實與芋薯等根莖作物為豐富完備。〔註8〕

次就貿易經濟的觀點來看，它是一種乾燥而易於搬運的貨物，且宜於分開和量稱，此點特點甚利於貿易經濟的開展。〔註9〕並且我們可以由此推論：貿易經濟的開展，對古代世界各地域之間的文化交流與財產私有制的興起，必然具有相當大的作用。

再就農業技術的觀點而言，穀類作物的播種、耕耘、收穫，均需在極精密複雜的知識與技術下進行。例如撒種與收割需與時節作密切的配合，土地的丈量需要精確的數學知識，因穀物對水份與溫度的特殊需求而須徹底瞭解當地自然氣候、地理環境甚至加以人工控制，同時收穫物的分配與氣候實況的記載也有賴於符號和文字，所以穀類作物的種植不但是要求農業技術本身的進步，同時也間接促成了天文、曆法、數學、文字、水利工程……等知識的建立。〔註10〕

最後就社會學的觀點來看，穀類作物的種植絕非是一批少數人在散漫無組織的情形下所能奏效的，其農事的進行、收穫物的分配以及農業工程的構築，都是必須在一個組織嚴密的情形下，集結大規模的勞力，並予以適當的分工，此即促成並鞏固了氏族社會甚至國家制度的興起。而氏族或國家在穩固的農業基礎下，文化日益發達，而人口也在優裕的糧食供應下日益增殖，當人口達到一飽和點之後，部份人口便攜帶著其母族或母國的文化向外拓展移民，開創另一個古文明的領域。所以柴爾德用生產型態來定義各時代的發展，〔註11〕瑞特翡爾德（Robert Redfield）與柏來德烏（Robert Braidwood）則認為文化演進的動力，是人與人之間組織結構關係的調整，〔註12〕其實這兩種理論是二而一，一而二的，經濟與社會二者自史前以迄於今日，本來就是互相影響、密不可分的。

穀類作物既與古代文明有如此密切的關係，印證於史實亦復如是。世界四大古文明區——近東、埃及、印度、中國。均是以穀類作物為其農業基礎。

〔註8〕何炳棣，《黃土與中國農業的起源》（香港：中文大學，1969年4月），頁122。
〔註9〕張光直，〈中國南部的史前文化〉，《集刊》第四十二本第一分（1970年10月），頁160，引 Jacques Barrau 之語，作者原指稻而言，然其觀點亦可概括一切穀類作物。
〔註10〕同註8。
〔註11〕同註7，頁120。
〔註12〕同註7，頁121。

近東與埃及是種植小麥最早的地區，以小麥爲主食，後來傳佈至世界各地；美洲在哥倫布時代以前，玉米是其主要作物與主糧；中國的華北地區在古代則是以小米爲主要農作物；至於稻，自古以來它就是亞洲（尤其是印度、東南亞、東亞）人民的主糧，所以此四種作物——小麥、小米、稻米和玉米，是世界上培植時間最久、應用最廣的穀類，〔註 13〕在初期農業的階段，它代表著古代人民智慧與經驗的高度結合，古代文明以它爲穩固的基礎，不斷發展更高度的文明，一直到今天，我們人類依然要仰賴它源源不絕的供應。

第二節　本文的主旨

　　小麥、小米、稻米和玉米既然是世界上培植時間最久、應用最廣的四種穀類作物，則此四種穀類爲人類所栽培的歷史應該受到普遍的重視才對，其實不然。小麥和玉米在近東、埃及與美洲的原生狀況與馴養過程，向來受到西方學者普遍的重視，且今已獲得豐富而信實的研究成果；小米的原生區與始作雖仍未有定論，〔註 14〕然而它在中國古代農業中的地位也早已被推重、確認。唯獨對中國稻作史的研究，尤其對稻的原生區與稻的始作、傳佈諸問題，雖然古人的許多錯誤觀念已被澄清，然而其中仍然存在著許多疑難：

　　1. 稻的原生區究在何處？學者或以爲中國大陸、或以爲印度、或以爲伊索匹索、或以爲東南亞、或以爲自南亞至東南亞的廣大地域，至今仍未有定論。〔註 15〕

〔註13〕同註7，頁 117。
〔註14〕何炳棣主張華北是小米的原生區與始作區，所著《黃土與中國農業的起源》中謂：「綜合現有考古、植物、語言、文獻種種證據，我們可以得到以下的結論——小米中的粟屬和稷屬是華北半乾旱黃土區的原生植物；粟屬和稷屬在中國種植的時代，比他種小米在世界其他半乾旱區域種植的時代，要早得很多；東南亞各地，南亞的印度半島，亞歐大草原區直迄東歐、中歐的粟屬和稷屬都是史前及有史時代由中國傳去的。」N. Krishnaswamy 認爲小米原生於熱帶及亞熱帶，始種於印度。見何炳棣，《黃土與中國農業的起源》，頁 129。Wayne H. Fogg 認爲小米的原生區與始作均在東南亞，後來才傳至中國華北。見所撰"The Domestication of Setaria italica(L.) BFAUV.: A study of the process and Origin of Cereal Agriculture in CHINA", to be present Conference on the Origin of Chinese Civilization（1978.6）。
〔註15〕Alphonse de Candolle 撰，于景讓譯，「稻」，《栽培植物考》（臺北：國立臺灣大學農學院，1958 年），頁 4～6；何炳棣，《黃土與中國農業的起源》，頁 145～157；張光直，〈中國南部的史前文化〉，《集刊》第四十二本第一分（1970

2. 最早開始稻作的地區，學者或云印度、或云中國、或云東南亞；即在中國境內，亦有華北爲早或華中、華南爲早的歧見。〔註16〕

3. 史前稻作的直接證據——稻穀遺留，在中國的境內發現者有十餘處。〔註17〕這些證據就數量與分佈的地域範圍而言，均不夠完備，只能就此作一些相當片斷的「推測」；至於要擬就一套完備、確實、具有涵括性的「理論」，則因此些證據無法提供時間與空間上緊密的線索而無法達成。

4. 作爲信史之初的商代，並無稻穀直接遺留的發現，甲骨文中亦無「稻」字的實證，〔註18〕故商代所屬領域範圍內是否從事稻作，即成一大疑問。由此上推，商代以前中原地帶是否從事稻作，亦不無疑問。

5. 華中與其以南地區史前稻穀遺留的發現，並無可訝異之處；然位處華北作爲新石器時代晚期遺址的仰韶村，其陶罐殘片上的稻穀印痕，就引發了以下幾個疑問：此稻是仰韶自產？或由外地輸入？若爲自產，則華北地區如何能滿足稻作的要求？若爲輸入，則古代南北交通達到何種程度？華中華南農業水平如何？〔註19〕

年10月），頁160；張德慈撰、王慶一譯，〈早期稻作栽培史〉，《中華農學報》第九十六期（1976年12月），頁3；Li Hui-Lin, "The Domestication of Plants in China: Ecogeographical Considerations", to be present conference on the Origin of Chinese Civilization (1978.6), p.32。詳見本文第五章第一節。

〔註16〕何炳棣，《黃土與中國農業的起源》，頁146～148、155～159；張光直，〈中國南部的史前文化〉，頁160；Alphonse de Candolle 撰、于景讓譯，〈稻〉，頁3～4；Hui-Lin Li, "The Domestication of Plants in China: Ecogeograohical Considerations", pp. 40~41；Te-Tzu Chang, "The Origin and Early Cultures of the Cereal Grains and Food Legumes: to be present Confernce on the Origin of Chinese Civilization (1978.6), p. 9~10；張德慈撰、王慶一譯，〈早期稻作栽培史〉，頁4。詳見本文第五章第二節。

〔註17〕河南澠池仰韶村，陝西華縣柳子鎭（未定？），安徽肥東大陳墩，江蘇南京廟山、無錫仙蠹墩，浙江吳興錢山漾、杭州水田畈，湖北京山屈家嶺、朱家嘴，武昌天門石家河、洪山放鷹臺，浙江餘姚河姆渡，以及雲南一帶。詳見本文第二章。

〔註18〕甲骨文中有字形作𥝔，或以爲稻，或以爲非也，見李孝定編，《甲骨文字集釋》冊七（臺北：中央研究院歷史語言研究所，1965年），頁2355～2358、2399～2403。詳見本文第四章第一節。

〔註19〕構成「核心地區」（Nuclear Area）的要件，在自然環境上需有適中的溫度與濕度、繁盛而有馴養可能性的野生動植物、豐富的水源、有利的地形；在文化背景上需有相當發達的中石器文化的基礎，在此自然與文化的良好基礎

筆者擬針對這五個問題，以如下五章進行討論：

第二章　中國史前時代的稻作遺存

第三章　中國古代華北的土質與氣候

第四章　古代華北稻作的人文背景

第五章　稻的始作與傳佈

第六章　結　論

在第二章中，檢出史前華北地區、屈家嶺文化區、青蓮崗文化區、良渚文化區與河姆渡遺址等五處所出土的稻作遺存。所謂稻作遺存，意義很廣泛，包括具體的稻穀遺跡、稻作的工具遺跡。本章所檢討的稻作遺存，因限於材料，故只狹義地指具體的稻穀遺跡，而又因此些稻穀所存在的時間過於久遠，故目前所能見及的大都是炭化的稻穀殼，而華北地區即連炭化的稻穀殼亦復闕如，所見的只是陶片上的穀殼印痕。本章中除了敘述這些具體的物證以外，另還估測這些物證所存在的絕對年代、相對年代，以及此五處史前文化區的客觀文化背景，以為第五章討論「稻的始作與傳佈」作張本。

本文第三、四章也就是為了第五章的討論作準備工作。因為中國史前華北的稻穀遺存只有陶片上的穀殼印痕，而進入歷史時代以後根本沒有稻穀遺存的發現，究竟中國史前與殷代有沒有實行過稻作（周代必有）？是一個關鍵性的問題，它關係著「古代中國核心區」的基本農業體系這一重大議題。據錢穆先生的看法，中國古代的農業（意指華北）是「山耕」與「旱作物」的組合。〔註20〕何炳棣先生撰《黃土與中國農業的起源》一書，全書的基本立論是：我國遠古的農業體系（意指華北）是建立在三個基礎上——小河流域的黃土臺地、旱地耕作和標準「中華型」的農作物組合（不含稻）。〔註21〕假如中國史前與殷代的華北確曾植稻、或稻作在其農業中佔相當地位的話，那麼錢、何二氏的立論是不是就可以被推翻了呢？此即是本文所欲討論的重點之一。本文擬從古代華北的自然氣候是否宜於稻作、是否有食稻的需要與

下，開始發展初期的農業與蓄養家畜，並將其文化向鄰近地區蔓延，此謂之「核心地區」。見張光直，〈華北農業村落生活的確立與中原文化的黎明〉，見122～123。古代中國的核心文化，傳統稱作「中原文化」，其區域包括河南、陝西、晉南、魯西、冀南、蘇北、皖北，見張光直，〈華北農業村落生活的確立與中原文化的黎明〉，頁114。

〔註20〕錢穆，〈中國古代北方農作考〉，《新亞學報》第一卷第二期（1956年2月），頁1～27。

〔註21〕何炳棣，《黃土與中國農業的起源》（香港：中文大學，1964年4月）。

是否具備稻作的農業技術這三個角度，來探測稻作在古代華北的存在與否與地位的輕重，並進一步來探討錢、何二氏的立論。本文第三章即討論古代華北的自然氣候，第四章討論古代華北是否有食稻的習慣，與是否具備稻作的農業技術，簡言之，即華北地區植稻的人文背景。

第五章是本文的重點所在，依次討論「稻的原生區」、「稻的始作」、「稻的傳佈」與「古代華北植稻的可能性」。在「古代華北植稻的可能性」一節中，乃是利用前述第二、三、四章的討論結果，判斷古代華北植稻可能性的大小，以便期望在第六章「結論」中能夠解答錢、何二氏立論的疑否。

第六章「結論」，乃是根據第五章的討論結果，把農業文化的起源學說、中國南北雙方的文化交流關係與錢、何二氏的立論，重新再加以簡單的檢討。

以上六章，因為許多直接證據的缺乏，故需以較間接的方法來探討，有時還必需以「想像」、「猜測」與「假設」貫穿於其間，或許違背治史之道，也未可知，所以撰者絕不敢稱以上六章的討論都是精確無誤的，只能說是一項「嘗試」罷了。

第二章　中國史前時代的稻作遺存

第一節　華北區

　　西元 1921 年，瑞典地質學家安特生（J. G. Anderson）在河南省澠池縣仰韶村發現了新石器文化的遺址，自此「仰韶文化」聲名大著。〔註1〕在安特生攜返瑞典的多件仰韶彩陶陶片中，有一陶罐殘片，其上充滿了穀殼的印痕。數年後，經 G. Edman 與 F. Söderberg 兩位瑞典植物學家檢驗的結果，斷定此印痕乃人工栽培稻穀（Oryza sativa）外殼所爲。〔註2〕

　　G. Edman 與 F. Söderberg 二氏的檢定，陳述了一項不易的事實，即位處於華北地區的仰韶村，在新石器時代的仰韶文化期已有了人工栽培稻的存在。然則這項事實又引發了兩點疑問：（一）仰韶村稻穀所存在的絕對年代爲何？（二）仰韶村的稻穀是本地自產的？還是由外地輸入的？

　　關於前者，我們頗難爲它作一絕對性的年代估計，因爲仰韶稻作遺存並非是直接證物——稻穀本身，而只是陶片上的稻穀印痕。倘若是稻穀本身，我們可經用碳——十四年代測定和樹輪校正算出其絕對年代；然則此處的證物既只是稻穀的影子——印痕而已，我們就只能以仰韶村遺址所存在的年代作爲此稻穀所存在的年代，當然在此先我們還必須假定：仰韶村遺址的層位

〔註1〕仰韶村並非典型遺址，應以「彩陶文化」之稱較爲得當，本文均通用之。

〔註2〕J. G. Anderson, *Children of the Yellow Earth*. (London, Kegan Poul, 1934), pp. 335~336; G. Edman & Söderberg, "Aufindung von Reis in einer Tonscherte au seiner etwa fünftausend jährigen chinesischen Siedlung" *Bulletin of the Geological Society of China*, Vol 8, no. 4 (1928), pp. 363~368.

從未因自然或人為性因素而被攪亂過。

在此良好的假定基礎下，我們首先應該知道仰韶文化所存在的年限。仰韶文化的發現者——安特生博士，為其所定的年限是西元前 2200～1700 年，安氏的估測頗難令人信從，因為安氏自始即有偏見，執意以為中國文化乃自西南亞輸入，故必要將彩陶文化定得較晚。〔註3〕

張光直極肯定地認為：安氏的年代估測是錯誤的，仰韶文化應在西元前 6000～3500 年之間；〔註4〕稍後他又主張是西元前 5000～3200 年。〔註5〕何柄棣亦從張氏之說，主張仰韶文化在西元前 5000 年已然誕生，其下限應不晚於西元前 3000 年。〔註6〕

西安半坡是目前所發掘的仰韶文化遺址中保存較好、文化貌相較具代表性的遺址之一。該遺址的整理報告推測仰韶文化所存在的年代，認為上限在西元前 3000 年以前，下限在西元前 2500 年或稍晚，至於確鑿的年代究竟如何，該整理報告亦不敢肯定。〔註7〕

但很顯然地，《西安半坡》一書的編撰者承襲了安氏的舊觀念，而較安氏提早了 500～800 年。

筆者以為：安氏與《西安半坡》的年代估測均不合理。仰韶文化遺址今已發掘者約一千餘處，其中若干已經過碳——十四測定年代，茲檢出幾個年代測定的結果：〔註8〕

〔註3〕 安氏的年代估測已遭本國學者如張光直、何炳棣……等多人的批駁，然其觀念仍為部份國內外學者所襲用，茲以何炳棣之語為例：他（安特生）對仰韶、甘肅仰韶、甘肅臨洮馬家窰、齊家等古文化發生的次序，根本斷定錯誤，而且他的出發點就有先入為主的成見——中國新石器文化遠較西南亞為晚，其淵源亦必出自西南亞。他對仰韶年代的推測前後不符，他最後的看法，認為仰韶文化上限大約在紀元前二千五百年，今日已不為一般學人接受，但亦並非完全失去影響。
見所著：《黃土與中國農業的起源》（香港：中文大學，1969 年），頁 125。
〔註4〕 張光直，〈華北農業村落生活的確立與中原文化的黎明〉，《集刊》第四十二本第一分（1970 年 10 月），頁 129。
〔註5〕 張光直，〈中國考古學上放射性碳素年代及其意義〉，《臺大考古人類學刊》第三十七、三十八期（1971 年 11 月），頁 38。
〔註6〕 何炳棣，《黃土與中國農業的起源》，頁 125～127、142。
〔註7〕 中國科學院考古研究所、陝西省西安半坡博物館，《西安半坡》（北京：文物出版社，1963 年），頁 231。
〔註8〕 夏鼐，〈碳——十四測定年代和中國史前考古學〉，《考古》1977 年第四期（1977 年 4 月），頁 229。

地　　　　點	材　料	文　　化	經碳十四及年輪校正的年代（西元前）
河南登封雙廟	木　炭	仰韶早期	5070±170
河南登封雙廟	木　炭	仰韶早期	5040±210
西安半坡	木　炭	仰　韶　期	4770±135
西安半坡	木　炭	仰　韶　期	4610±130
河南登封雙廟	木　炭	仰韶早期	4560±135
西安半坡	木　炭	仰　韶　期	4550±130
安陽後崗	木　炭	仰　韶　期	4390±200
西安半坡	果　核	仰　韶　期	4290±200
陝縣廟底溝	木　炭	仰　韶　期	3910±125
鄭州大河村	木　炭	仰　韶　期	3685±125
鄭州大河村	木　炭	仰韶中期	3425±130
鄭州大河村	木　炭	仰韶中期	3130±190

　　據此年代測定表，可知應以張光直所作的年代推測為是，約為西元前5000～3000年之間。

　　仰韶村遺址應是仰韶文化晚期或中晚期的產物，〔註9〕據此可推算出仰韶村遺址所存在的年代約為西元前4000～3000年之間，則仰韶稻穀亦應是此期間的產物。此處最大的遺憾，乃是並無稻穀直接遺存可據以測出精確的年代數據，而必須游離於此一千年中，以至於在與其他遺址的稻穀遺留作年代先後的比較時，將產生相當地困擾。

　　關於第二個問題：仰韶稻穀是本地自產的？還是由外地輸入的？正是本文所欲探討的主題之一。倘若我們首先假設仰韶稻穀是本地自產的，則又將引發一連串的疑問：史前華北地區的氣候及地理條件如何能滿足稻作的需求？史前華北地區的氣候及地理環境是否同於今日？史前華北地區的稻作技術是本土的抑是外來的？史前華北的稻作是普遍性的還是限定在某一地域？倘若我們假設仰韶稻穀是由外地輸入的，則亦將引發一連串的疑問：仰韶稻穀是由何地輸入的？輸入的途徑如何？該地的農業水準是否優於位處中國文化核心區的華北？

〔註9〕張光直，〈中國新石器文化斷代〉，《集刊》第三十本上冊（1959年10月）；收入韓復智輯，《中國通史論文選輯》上冊（臺北：學生書局，1976年10月增訂版），此據輯本，頁40。

以上所提出的問題都是相當重要的，然而實際上我們卻不可能得致完善的解決，因為華北地區的稻穀遺存唯有仰韶一處，除此之外，別有陝西華縣柳子鎮：「……發現有類似稻穀之遺跡，因未進一步研究，目前尚難肯定」。〔註 10〕在這兩個薄弱的物證下，根本難以進行討論，我們唯有採用間接的方法，來推測華北地區稻作的有無，即是以古代華北的客觀環境背景是否宜於種稻與當地人民是否有食稻的需要此兩點，來作為推測的基礎，這也就是本文第三、四章與第五章第三節所擬從事的工作。

第二節　屈家嶺文化區

長江中游江漢平原區的最大考古收穫，是「屈家嶺文化」的發現。此文化的發現始於 1954 年湖北京山屈家嶺（屈家嶺村位於京山縣城西南約三十公里處），故將類似此種文化的遺存均名之為「屈家嶺文化」。其後又陸續在天門石家河、光化觀音坪、鄖縣大寺、鄖縣青龍泉、襄陽三步二道橋等地發現了此一文化的遺存，河南南陽黃山、唐河砦茨崗、湖北黃岡諸城、鄂城和尚山、江陵陰湘城、宜昌李家河等地亦有類似的文化遺存發現。〔註 11〕

據此而推斷屈家嶺文化的分佈範圍，向北到大別山與桐柏山一帶，向西到武當山與大巴山附近，向南當過江陵，向東似到達黃岡、鄂城以西地區。〔註 12〕然而屈家嶺文化的實際影響範圍當不止於此，它似乎與仰韶文化、龍山文化、青蓮崗文化與川東的巫峽、大溪遺址均有接觸，據屈家嶺文化的整理報告稱：

> 在它（屈家嶺文化區）的北面，是河南仰韶、龍山文化的南部邊緣，
> 從河南南陽黃山、唐河砦茨崗兩遺址出土的遺物來看，桐柏山的南
> 北面，似為仰韶文化與屈家嶺文化的接觸地區。〔註 13〕
> 湖北均縣觀音坪遺址出土大量的屈家嶺式的遺物，鄖縣城西的大寺
> 遺址屬于仰韶文化系統，而其以東十五公里左右的青龍泉遺址，既

〔註 10〕黃河水庫考古隊華縣隊，〈陝西華縣柳子鎮考古發掘簡報〉，《考古》1959 年第二期，頁 73。

〔註 11〕中國科學院考古研究所，《新中國的考古收穫》，《考古學專刊》甲種第六號（北京：文物出版社，1962 年 8 月），頁 28。

〔註 12〕中國科學院考古研究所，《京山屈家嶺》，《考古學專刊》丁種第十七號（北京：科學出版社，1965 年），頁 75。

〔註 13〕同註 12。

出土有屈家嶺文化的遺物，也有具備仰韶文化和河南龍山文化特徵的遺物，這個地區可能是屈家嶺文化與陝西漢水流域仰韶文化的接觸地區。〔註14〕

從宜昌楊家灣、四川巫峽大溪兩遺址出土遺物來看，似與屈家嶺文化有著一定的聯繫。〔註15〕

湖北黃崗諸城與鄂城和尚山兩遺址，前者出土有大批的屬於青蓮崗文化的陶器，同時兩處也出有仰韶文化與屈家嶺文化某些特徵的遺物，這個地區似乎是上述幾種文化的交匯地區。〔註16〕

以上所述為屈家嶺文化邊緣地區與他種文化的接觸，以下將更進一步地討論屈家嶺文化實際受到他種文化的影響到達何種程度，這也就是說屈家嶺文化本土的成份有多少？外來的成份有多少？其文化的成就是自創的？抑或根本就是寄生性的「文化附庸」？在與仰韶、龍山這兩種勢力強大的中原文化的關係上，《京山屈家嶺》一書的編撰者認為：

（屈家嶺文化）分早晚兩期，晚期分晚期一、晚期二。……這一期（早期）的彩陶片多為厚胎，頗具有仰韶文化的彩繪風格，但質料和器形有所不同。〔註17〕

屈家嶺文化陶器的形制，與仰韶文化是截然不同的。雖某些器形近似河南龍山文化的陶器，但作為屈家嶺文化最主要最普遍的幾種陶器，均為河南龍山文化所不見。〔註18〕

屈家嶺遺址的早期遺存，似和龍山文化有關係，同時也受到地區性發展不平衡的晚期仰韶文化的影響，因而在早期中體現了某些仰韶文化的表飾因素。到了晚期，屈家嶺遺址已豐富和發展了這一文化自己的特點，形成了這種文化面貌。因此我們認為，屈家嶺文化遺址的早晚期，既有著前後的承續關係，也有著晚期比早期更為繁榮充實的地區性特色。〔註19〕

在與其東鄰青蓮崗文化的關係上，《京山屈家嶺》一書的編撰者認為：

〔註14〕同註12。
〔註15〕同註12。
〔註16〕同註12，頁75～76。
〔註17〕同註12，頁72。
〔註18〕同註12，頁74～75。
〔註19〕同註12，頁76。

> 屈家嶺文化與東鄰江淮地區原始文化的關係，根據它同青蓮崗文化
> 在生產水平和某些文化因素的相似性，推測它們是同一時期內分別
> 在不同地區發展著兩種不同文化，在社會發展階段上也大體一致。

〔註20〕

總合而言，早期的屈家嶺文化確曾受到中原地區仰韶與龍山文化的影響，然而這種影響絕非是「傾銷」性的，早期的屈家嶺文化在不失卻自己本土之根的基礎下，吸納了部份仰韶、龍山的文化成份，從而發展更燦爛、更富本土特色的典型（即晚期）屈家嶺文化，在典型的屈家嶺文化期中，它仍然在吸納若干龍山文化成份而日益使自己更茁壯、成熟。所以，我們不能認爲屈家嶺文化是中國古代文化核心區——中原的文化附庸，它有自己的本土基礎，在不斷吸納中原部份文化的情形下，它不但從未失卻自己的本土之根，反而更能壯大自己。

　　至於論及屈家嶺文化所存在的年代，撰者擬就以下三點事實作爲討論的基礎。

1. 因爲早期屈家嶺文化曾與仰韶、龍山兩種文化接觸，晚期屈家嶺文化與龍山文化有相當的關係，所以屈家嶺文化所存在的年代應該與仰韶、龍山文化所存在的部份年代交疊。

2. 《京山屈家嶺》一書的編撰者，認爲屈家嶺文化與青蓮崗文化是同一時期內分別在不同地區發展著的兩種文化，所以此二者至少有大部份的年代是交疊的。

3. 以上兩點乃是就相對年代而言，在絕對年代上，出土於河南淅川黃棟樹屬於屈家嶺文化的一塊木炭，經碳十四與樹輪校正的結果，是西元前 2730 加減 145 年；〔註21〕再據 Ralph, Michael, Han 等換算表換算的結果，是西元前 2600～2980 年。〔註22〕出土於湖北京山屈家嶺屬於屈家嶺文化晚期的一塊朽木，經測定的結果是西元前 2695 年加減 195 年；〔註23〕再經 Ralph 等換算表換算的結果，是西元前 2490～2860 年。

〔註24〕

〔註20〕同註 12，頁 30。
〔註21〕同註 8，頁 230。
〔註22〕張光直，〈中國考古學上的放射性碳素年代及其意義〉，頁 32。
〔註23〕同註 21。
〔註24〕同註 22。

據此而作最具伸縮性的年代估測是：屈家嶺文化起始於晚期仰韶文化與早期龍山文化，其下限應在商殷文化以前。﹝註 25﹞至於其下限的絕對年代總必是在西元前 2500 年以後，其上限至少也在西元前 3000 年以前。

以上既討論了屈家嶺文化所存在的年代與客觀的文化背景，繼之將敘述在此文化領域內所發現的稻作遺存。自 1955 年起，首先在屈家嶺屬於晚期一屈家嶺文化的地層中，發現了大量的稻穀殼，此些稻穀殼是參和在約五百多平方米密結成層的紅燒土中。﹝註 26﹞該地屬晚期二的屈家嶺文化層的紅燒土中，也發現了稻穀殼，但數量較少。﹝註 27﹞此外，在武昌天門石家河（武昌西一百一十公里）及武昌洪山放鷹臺等新石器時代遺址中，也有稻穀的發現。﹝註 28﹞西元 1960 年 8 月，又在京山朱家嘴新石器時代紅燒土中發現了大量的稻穀殼，據該遺址的發掘報告稱：「（朱家嘴）應比屈家嶺遺址的早期文化還要原始。因此，……它的年代應該比屈家嶺遺址為早，或與它的早期相當。」﹝註 29﹞故就數量而言，屈家嶺文化區已有四處遺有大量的稻穀殼證物；就分佈地域而言，此四處遺址集中在武昌縣（北緯 30.5 度）與京山縣（北緯 31 度）二處，此二處相距約一百五十公里；就時間而言，自屈家嶺文化的早期與晚期一、二，均遺有稻穀證物。

值得注意的是，此四處遺址的稻作遺存皆是以稻穀殼的形式參和在紅燒土中。根據考古隊的意見，這紅燒土是新石器時代末期建築物的主要材料，即是將穀殼和草類摻入泥中，加火燒成堅硬的土塊，因而形成紅燒土。﹝註 30﹞據武漢大學生物系化學檢定的結果，這些穀殼以「矽」的成份為主，因矽的化合物是很牢固的，故能長期保存。﹝註 31﹞

﹝註 25﹞《新中國的考古收穫》，頁 28，認為屈家嶺文化晚於仰韶文化，早於龍山文化，似乎不確。《京山屈家嶺》，頁 75，認為屈家嶺文化晚於早期龍山文化，早於商殷文化。撰者所作的年代估測乃是該文化可能時代的最大幅度，實際年代可能是此最大幅度的某一部份，非必是持續如此之久。此文化究竟始末於何時，因撰者所憑資料有限，不敢斷論。

﹝註 26﹞同註 12，頁 74。

﹝註 27﹞同註 12，頁 39。

﹝註 28﹞丁穎，〈江漢平原新石器時代紅燒土中的稻穀殼考查〉，《考古學報》1959 年第四期（1959 年 12 月），頁 31。

﹝註 29﹞湖北省文物管理委員會，〈湖北京山朱家嘴新石器遺址第一次發掘〉，《考古》1964 年第五期（1964 年 5 月），頁 215～219。

﹝註 30﹞同註 25。

﹝註 31﹞同註 28。

　　水稻專家丁穎，曾進一步地根據這些穀殼的形態檢定其品種，其結論是：此些穀殼屬於人工栽培稻的「粳」屬（Oryza sativa subsp. Keng Ting）而非「秈」屬（Oryza sativa subsp. Hsien Ting）而且是較大粒的粳型品質。〔註32〕

　　根據以上的事實：（一）大量的稻穀殼遺留；（二）紅燒土中唯見稻穀殼而不見他種穀類。我們可由此推斷，距今三、四千年的屈家嶺文化領域中，粳屬水稻已是大宗的作物與主要的糧食了。然則此又引發出以下的問題：該地的稻作起始於何時？其稻作技術是本地自創的還是由他地引進的？倘若是由他地引進的則稻作又是起源於何處？這些問題就如華北地區的稻作問題一樣，不能在本文化區範圍之內就得到解決，必須要審視長江下游及其更南地區的稻作遺存，加以綜合比較，才能略窺其端倪。

第三節　青蓮崗文化區

　　青蓮崗文化是因西元 1951 年在江蘇淮安青蓮崗遺址的首次發現而得名的，該文化的分佈大約以江蘇省為中心，北至山東中、南部，南至太湖沿岸，西至蘇皖接壤區，東至阜寧，東南達淀山湖以東，分佈面積約為十萬平方公里。〔註33〕迄今為止，在江蘇省境內已發現的遺址約為六十餘處，經過發掘或探掘的有連雲港二澗村，新沂花廳村，邳縣劉林、大墩子，南京北陰陽營、太崗寺，蘇州越城，吳江梅堰，吳縣草鞋山、華山，常州圩墩村等處。〔註34〕

〔註32〕同註28，頁 33。

丁氏採取十個外形保持良好的穀殼作標本，而統計其長幅之比如左：

標　本	1	2	3	4	5	6	7	8	9	10	平均
長（mm）	7.0	7.0	7.5	7.0	7.0	6.8	7.0	6.8	6.8	6.8	6.97
幅（mm）	3.5	3.5	3.5	3.5	3.5	3.5	3.8	3.4	3.5	3.5	3.47
比幅長（倍）	2:00	2:00	2:14	2:00	2:00	1:94	1:84	2:00	1:94	1:94	2:01

測定今日長江流域和珠江流域秈稻 3509 個品種、粳稻 114 個品種的結果，秈稻長幅比在 1.75～3.60 之間，平均 2.38 倍；粳稻在 1.60～2.55 之間，平均 1.95 倍，而江漢平原新石器時代紅燒土中的稻穀殼其長幅比平均為 2.01，故知為粳屬且為大粒。見所撰：〈江漢平原新石器時代紅燒土中的稻穀殼考查〉，頁 32～33。

〔註33〕吳山菁，〈略論青蓮崗文化〉，《文物》1973 年第六期（1973 年 6 月），頁 45。

〔註34〕同註33。

　　從較厚的文化層堆積〔註 35〕、大量的農業生產工具〔註 36〕以及陶器的多樣性和裝飾品的豐富來看，〔註 37〕當時已行定居的農業生活，且其農業相當發達；其居址大概都選擇靠近河邊的崗阜，故漁獵與採集也具有相當的地位，但不若農業那麼重要。〔註 38〕正如屈家嶺文化一樣，青蓮崗文化也不是一種封閉自固的文化，它與仰韶文化、龍山文化以及東南沿海一帶的原始文化均有接觸，至於其接觸的程度如何，則如下述：

> 目前對青蓮崗文化的發展過程還了解不多。從文化面貌上看，它與黃河流域的新石器時代文化有著某些聯系，在施加陶衣和彩繪技法上，以及缽、皿等器物的形制，都與仰韶文化的近似；鬹、豆等陶器又具有山東龍山文化的風格……。〔註 39〕……從以上種種特徵看來，青蓮崗文化顯然是在龍山文化濃重影響之下的一種江蘇土著文化，但是在陶器的裝飾作風上可能也受到仰韶文化的一定程度的影響。如果我們從廣泛的意義上來理解的話，或者也可稱之為「江蘇龍山文化」。〔註 40〕青蓮崗文化遺址中出土的扁平圓刃石斧和有段石磷，則與東南沿海一帶的原始文化遺存有著一定聯系。〔註 41〕

則是青蓮崗文化中許多重要的成份假借自中原的仰韶與龍山文化，同時與東南沿海的原始文化也有一定的聯系，與其西的屈家嶺文化也有邊緣上的接觸，但似乎影響較小，除此之外，它也具有自己的本土特性。

　　至於青蓮崗文化所存在的年代問題，某些學者對它抱低貶的態度，認為青蓮崗文化是在龍山文化的濃厚影響下發展出來的，〔註 42〕其相對年代應在夏商之餘，絕對年代是西元前 2100～1400 年之間。〔註 43〕事實上，這種舊的

〔註 35〕吳山菁，〈略論青蓮崗文化〉，頁 57：「青蓮崗文化遺址，一般都有較厚的文化堆積層，如大墩子的文化層有厚達五米多的，草鞋山的青蓮崗文化的地層也厚達六米左右，說明當時人們已過著相當安定的定居生活。」

〔註 36〕吳山菁，〈略論青蓮崗文化〉，頁 57。中國科學院古文研究所，《新中國的考古收穫》，頁 30。

〔註 37〕吳山菁，〈略論青蓮崗文化〉，頁 57。蔣續初，〈關於江蘇的原始文化遺址〉，《考古學報》1959 年第四期（1959 年 12 月），頁 40。

〔註 38〕蔣續初，〈關於江蘇的原始文化遺址〉，頁 40。

〔註 39〕同註 11，頁 31。

〔註 40〕蔣續初，〈關於江蘇的原始文化遺址〉，頁 40。

〔註 41〕同註 11，頁 31。

〔註 42〕同註 40，頁 40。

〔註 43〕同註 40，頁 43。

看法自從碳十四測定年代報告出世以後，已被完全推翻了。

在屬於青蓮崗文化的範圍內，目前只有兩件標本經過碳十四測定與年輪校正。一件是出於邳縣大墩子遺址的木炭渣，測定的結果是西元前 4494 加減 200 年，〔註44〕再經 Ralph 等換算表換算的結果是西元前 4410～4580 年之間；〔註45〕另一件是出於上海青浦崧澤的木頭，據 Ralph 等換算表換算的結果是西元前 3880～4190 年之間。〔註46〕大墩子的標本出於下層，是青蓮崗文化開始前後的遺物，據此則青蓮崗文化開始的年代應是西元前 4500 年左右，與半坡、後岡的仰韶文化相近而略晚。青蓮崗文化的上限年代頗使人驚異，它所代表的意義有二：〔註47〕

1. 張光直「龍山形成期文化」〔註48〕的舊說面臨極不利的考驗。

2. 大墩子、崧澤兩個年代使青蓮崗文化躋身於新石器時代最早文化之列，而與中原文化、東南沿海文化鼎足為三。

因是之故，近年來的學者們不免要對青蓮崗文化刮目相看了，如吳山菁以為：青蓮崗文化的江北類型與江南類型，其中、晚期應是在西元前 3850～2325 年之間；〔註49〕至於與中原地區比較的結果，青蓮崗文化的早、中、晚期相當於仰韶文化的早、中、晚期。〔註50〕以上所述乃近年來對青蓮崗文化新的估測，然而其物證並不夠充份，我們期待著更多碳十四測定及年輪校正的結果出現，以支持以上的年代估測。

〔註44〕同註8，頁 230。

〔註45〕同註22，頁 32。

〔註46〕同註22，頁 32。

〔註47〕同註5，頁 37、42。

〔註48〕張光直，〈新石器時代中原文化的擴張〉，《集刊》第四十一本第二分（1969 年 6 月），頁 317～349。

〔註49〕青蓮崗文化範圍區內存在著若干地域性差異，可分為「江北」與「江南」二大類型，江北類型包括蘇北的徐淮平原和山東中部以南地區，江南類型包括蘇南的寧鎮地區、太湖沿岸、浙江杭嘉湖，範圍大體與良渚文化一致。至其分期可細分如下：

文化／分期	早　期	中期（一）	中期（二）	晚　期
江北青蓮崗文化	青蓮崗類型	劉林類型早期	劉林類型晚期	花廳類型
江南青蓮崗文化	馬家濱類型	北陰陽營類型	崧澤類型	張陵山類型

見吳山菁，〈略論青蓮崗文化〉，頁 54；南京博物館，〈長江下游新石器文化若干問題的探析〉，《文物》1978 年第四期（1978 年 4 月），頁 54。

〔註50〕南京博物館，〈長江下游新石器文化若干問題的探析〉，頁 57。

　　在青蓮崗文化區內所發現的稻作遺存計有五處：南京廟山、無錫仙蠡墩、安徽肥東大陳墩、上海青浦崧澤與吳縣草鞋山。廟山、大陳墩、仙蠡墩是較早的考古發現，前二者皆未見及原始的考古報告。〔註 51〕唯仙蠡墩遺址有報告云：「下層文化層（即灰白土層），層面距離地表二至四米左右，包含有機物很多。土色灰白，質黏，帶有鹹性……在南、北、西三面遺存著木炭、稻穀、小動物的殘骨。」〔註 52〕崧澤與草鞋山是較近的考古發現，其考古報告一直未予發表，惟見綜合討論性的論文中曰：「在崧澤和草鞋山下層都發現過炭化稻粒，崧澤的稻粒經鑑定為秈稻。水稻應是當時主要農作物。」〔註 53〕

　　以上五處稻作遺存，除崧澤之稻鑑定為秈稻之外，餘皆未經所屬年代及品種的精密考查，然而我們至少可說：最遲在西元前 3500 年以前，屬於青蓮崗文化的江淮地區已開始從事稻的種植了，且其種稻的地域分佈得相當廣泛。

第四節　良渚文化區

　　浙江北部、錢塘江下游與太湖周圍一帶的新石器時代晚期文化遺址，以浙江杭縣良渚文化遺存為代表，稱之為「良渚文化」。〔註 54〕其他遺址尚有杭州老和山、水田畈，吳興錢山漾、丘城，嘉興馬嘉濱。〔註 55〕

　　良渚文化已行定居的農業生活，而且其農業較青蓮崗文化更為發達。〔註 56〕至其文化接觸範圍與所受影響，據云：「良渚文化早期與青蓮崗文化有密切的關係，晚期則受到山東龍山文化的強烈影響，而又比它延續了更長的時間。」〔註 57〕則是浪渚文化曾受到青蓮崗文化、山東龍山文化的影響，而下限年代較二者均為遲。

〔註51〕《新中國的考古收穫》頁 31，提及廟山的稻作遺存；夏鼐，〈長江流域考古問題〉，《考古》1960 年第二期（1960 年 2 月）提及大陳墩的稻作遺存。然未見二處的原始的考古報告。

〔註52〕江蘇省文物管理委員會，〈江蘇無錫仙蠡墩新石器時代遺址清理簡報〉，《文物參考資料》1955 年第八期（1955 年 8 月），頁 50。

〔註53〕同註 33，頁 57。

〔註54〕同註 11，頁 31。

〔註55〕同註 11，頁 31。

〔註56〕蔣續初，〈關於江蘇的原始文化遺址〉，頁 41 云：「從發現的農業生產工具、農作物以及反映定居的農業生活的住所建築和大量精緻的黑陶器等來看，都說明了當時的農業繁盛情況。」

〔註57〕同註 11，頁 33。

目前已經碳十四測定及年輪校正的遺物計有七件，如下：〔註58〕

地　點	材　料	文　化	經碳十四及年輪校正的年代（西元前）
浙江吳興錢山漾	稻　殼	良渚文化早期	3310±135
浙江吳興錢山漾	木　杵	良渚文化早期	3305±130
浙江吳興錢山漾	竹　繩	良渚文化早期	2630±140
浙江餘杭安溪	木　頭	良渚文化	2870±180
浙江吳興錢山漾	竹千節	良渚文化	2760±140
浙江嘉興雀幕橋	木　板	良渚文化	2378±145
上海金山亭林	樹　干	良渚文化	2250±145

　　錢山漾遺址是我們目前所知良渚文化中最早的，亭林遺址是所知最晚的，如此則良渚文化的分佈年代，據目前的物證應是西元前3300～2300年的一千年之間。〔註59〕

　　在此文化區內所發現的稻作遺存計有兩處——吳興錢山漾和杭州水田畈，二處皆發現大批農具和完全炭化的稻穀外殼，稻殼輪廓保存良好，經浙江農學院鑑定，內有粳稻（Oryza sativa L. subsa. Keng）及秈稻（Oryza sativa L. subsp. Hsien）兩種。〔註60〕其中錢山漾之稻經年代測定為西元前3210～3470年間的產物，比青蓮崗文化的稻作年代稍晚。既然良渚文化受到青蓮崗文化的密切影響而下限較遲，我們已知青蓮崗文化的稻作相當普遍，則良渚文化的稻作必然也相當普遍。

第五節　浙江餘姚河姆渡遺址

　　近幾年來，中國考古界最令人震驚的發現，是浙江餘姚河姆渡遺址的發掘，其遺址的遺物對整個中國史前史具有關鍵性的影響。該遺址第一期的發掘工作始於1972年11月初，至1974年1月初止。〔註61〕兩年後——即1976

〔註58〕同註8，頁230；同註5，頁32。

〔註59〕牟永杭、魏正瑾，〈馬家濱文化和良渚文化〉，《文物》1978年第四期（1978年4月），頁72。

〔註60〕原始報告見浙江省文物管理委員會，〈吳興錢山漾遺址第一、二次發掘報報告〉，《考古學報》1960年第二期（1960年4月），頁73～91；〈杭州水田畈遺址發掘報告〉，同上，同期，頁93～106。唯撰者不得見此二份原始報告，資料乃間接採自何炳棣，《黃土與中國農業的起源》，頁143。

〔註61〕游修齡，〈河姆渡發現原始社會重要遺址〉，《文物》1976年第八期（1976年8月），頁6。

年已有正式的整理報告發表出來。

　　該地的地理環境，據形容云：

> 河姆渡遺址位于杭州灣以南的寧紹平原，……姚江從遺址的西部和
> 南部流過，順姚江向東二十五公里即寧波市區，往西二十五里即餘
> 姚縣城，南爲四明山，和河姆渡隔江相望。遺址西積約四萬平方
> 米。遺址所處的地勢很低，平均海拔三至四米，附近農田在耕土有
> 大面積的泥炭層，古代這裏可能是一片低窪的沼澤地。根據這些情
> 況來判斷，當時人們就在這樣一個背靠丘陵、面對沼澤的地方生
> 活。〔註62〕

該遺址是由四個各具特點、代表不同的時代、又有內在聯系的文化堆積層組
成的；〔註63〕出土的遺物非常豐富，尤其是最下的第四文化層，因爲遺址的
海拔很低，地下水位高，第四文化層長期浸泡在水中，隔絕了土壤中的空氣，
再加以大面積的腐植質形成4～5度的酸性成分，致使產生良好的防腐作用，
數量與種類豐富的植物果實、枝葉、動物遺骸於是能夠保存下來。〔註64〕

　　　　在這許多遺物中，最引人注目的無過於稻作遺存的發現了，其出土報告
云：

> 在五百平方米的範圍內，普遍發現有由稻穀、稻殼、稻稈、稻葉和
> 其他禾本科植物混在一起的堆積，平均厚度約四十～五十厘米，這
> 些堆積的成分以水稻的各部份的遺物爲主，局部地方幾乎全是穀
> 殼。穀殼和稻葉等不失原有外形，有的稻葉色澤如新，有的甚至連
> 稻穀的桴毛還清晰可解。〔註65〕

這些稻作遺存已經過浙江農業大學詳細的鑑定，推斷是屬於人工栽培稻的秈
亞種、中晚稻型的水稻，〔註66〕理由如下：

1. 我國已發現的野生稻共有三種，即「普遍野生稻」（O. sativa L. f.
   spontanea）、「藥用野生稻」（O. officinalis）及「疣粒野生稻」（O.
   meyeriana）。普遍野生稻穀粒瘦小細長，藥用及疣粒野生稻穀粒短圓，

〔註62〕同註61，頁6。
〔註63〕同註61，頁7。
〔註64〕同註61，頁10。
〔註65〕同註61，頁10。
〔註66〕游修齡，〈對河姆渡遺址第四文化層出土稻穀和骨耜的幾點看法〉，《文物》1976
　　　　年第八期（1976年8月），頁21。

然三者的粒重皆不及栽培稻的一半。河姆渡遺址所出土稻穀外形長而大，粒重遠過此三種野生稻，故推斷為人工栽培稻。〔註67〕

2. 秈與稉稻可就其粒長與粒寬的長幅之比加以區別，稉稻長幅之比在二以下，約 1.6～2.3 之間，秈稻在二以上，約 2～3 之間。〔註68〕河姆渡遺址出土的稻穀偏小的穀粒其長幅之比為 2.71，偏大的穀粒為 2.62，故推斷為秈稻。〔註69〕

3. 秈、稉之別又可就其桴毛以判別之，屬秈者其桴毛均勻整齊、長短一致，屬稉者其桴毛集中的穀粒的上半部，下半部稀疏，長短不齊。河姆渡的稻穀其桴毛貌似秈種。〔註70〕

4. 同屬於栽培稻，又因生態環境的不同而有水稻、陸稻（旱稻）之別。據前述河姆渡的地理環境來看，顯然是水稻，不可能是陸稻。〔註71〕

5. 現代水稻依其生育期的長短，可分為晚稻、早稻及中稻三種。從水稻演化的過程來看，晚稻是嚴格的短日性，與野生稻嚴格的短日性一致，此表明晚稻是直接從野生稻演變來的基本型。早稻對日照長度沒有嚴格的要求，是經人工選擇而成的變異型。再從歷史記載來看，早稻名稱出現較晚，且浙江寧波、紹興一帶在歷史上一直是晚秈稻的栽培地區，自宋朝以後才有早秈品種，這一帶引進稉稻更是近代的事，故推斷河姆渡的稻應是中晚稻型的秈稻。〔註72〕

至於河姆渡的稻所存在的年代問題，據推斷應是距今六、七千年以前。因為山土於第四文化層的一粒橡子，經碳十四測定與年輪校正的結果，是西元前 4775 加減 140 年；〔註73〕同一文化層出土的一塊木頭，經碳十四測定與年輪校正的結果，是西元前 5010 加減 100 年。〔註74〕河姆渡的稻穀既然也是出土於同一文化層，則亦可以表明此地的稻穀是距今六、七千年以前的稻作遺存。

根據以上所述，我們可以糾正前人的幾個錯誤觀念並獲取幾項有力的事

〔註67〕同註66，頁20。
〔註68〕參見本章註32。
〔註69〕同註66，頁20～21。
〔註70〕同註66，頁21。
〔註71〕同註66，頁21。
〔註72〕同註66，頁21。
〔註73〕同註61，頁12。
〔註74〕同註61，頁12。

實：

1. 水稻專家丁穎，過去認爲我國稻作可能發軔於距今五千年前的神農時代。〔註 75〕然而河姆渡的稻作遺存，比傳說中的神農時代還要早一、兩千年。

2. 1928 年日人加藤茂包以爲，栽培的秈、粳兩亞種分別起源於印度和日本，故將栽培稻分爲印度亞種（O. sativa subsp. Indica kato）、與日本亞種（O. sativa subsp. Japonica kato）。河姆渡的稻作遺存是現今世界上最早的，此一方面打破了日人的謬說，一方面提高了我國是世界上栽培稻起源地之一的可能性。〔註 76〕

3. 某些學者如張光直、何炳棣等認爲，稻作文化或穀作文化應源起中原地區，或中原地區具有絕對性的影響地位。〔註 77〕然而，自從河姆渡的稻作遺存出土以後，這種看法就起了根本上的動搖，我們不但要重新推斷在中國境內的稻作孰爲最早這個問題，同時我們勢必也要重估史前的華北與華中二者的文化孰爲優勢這個問題，於此我們至少可以肯定一點，即華北文化對華中地區的影響並不是大舉氾濫性的，華中文化也自有其「本土性」，同時對華北也「可能」有若干影響力。

4. 河姆渡的稻既是屬於栽培稻的秈亞種、中晚稻型的水稻，此表明了在時間上河姆渡的稻距野生稻不久，在地域上距稻的原生區也不過。

5. 我國研究稻作起源和演變的學者，通常認爲我國栽培稻的秈亞種是直接從野生稻演變來的。在秈稻從南向北（或從低地向山區）的傳播過程中，爲適應溫度的變化而出現粳稻的變異型，這個推斷是從目前秈、粳稻的緯度分佈及海拔高度分佈得來的，也符合歷史文獻的記載，河姆渡遺址所出土的稻穀，在很大程度上證實了這一種說法，從何姆渡的秈稻稻穀和太湖流域、長江流域新石器時代遺址出土的秈稻稻穀的地理分佈來看，可見及秈稻在從南向北推進的過程中，似乎到了北緯三十度左右，便開始它的變異。河姆渡恰位於北緯三十度左右（錢塘江南岸），越過錢塘江進入太湖流域，秈稻即開始孕育粳稻此一變異

〔註 75〕 丁穎，〈中國栽培稻種的起源及其演變〉，《農業學報》第八卷第三期（1968年 8 月），頁 243～260。

〔註 76〕 同註 66，頁 21。

〔註 77〕 張光直，〈中國南部的史前文化〉，頁 161；何炳棣，《黃土與中國農業的起源》，頁 156～157。詳見第五章的討論。

型，向北直至黃河流域。最近日本農業科技人員，利用酯酶與功酶電泳方法研究亞洲各地水稻品種的分佈和演變，藉以探索稻作的起源和發展，最後認為我國西南及江南地區是水稻品種的變異中心。〔註78〕

6. 從河姆渡遺址第四文化層所出土的成堆稻穀與大量骨耜、木結構的住屋來看，距今六、七千年前的該地已行長期耕作的定居生活，且以稻米為主要作物與主要食糧。〔註79〕

就以上六點來看，河姆渡確是近年來最重要的考古發現，它勢必致使傳統觀念下的中國史前史發生鉅大的改變。

〔註78〕同註66，頁22。
〔註79〕同註66，頁23。

第三章　中國古代華北的土質與氣候

第一節　黃　土

　　「黃土」與「黃土狀岩石」（loess-like deposit，即因沖積而成的次生黃土），在地球上的分佈面積爲 13,000,000 平方公里，佔地球陸地面積的 9.3％。〔註1〕在全球黃土的分佈中，我國的黃土最堪稱「經典型」，其分佈西起新疆、青海的一部分，被蓋甘肅、陝西、山西、河南、河北的大部分，向東延至山東、內蒙、東北的一部份，向南大體以秦嶺、伏牛山、大別山爲界，但四川亦有零星的黃土，總計約佔全國總面積的十分之一。〔註2〕此中以甘肅東部、秦嶺以北的陝西、山西的西部與河南伏牛山以北的地區尤爲典型，這個廣泛的地區即我們所稱的「黃土高原」；一般所謂的「華北平原」（淮水以北至長城地帶，包括山西、河北、河南、山東及江蘇北部），大體上是「次生黃土」的沖積平原，即地質學家所謂的「黃土狀岩石」分佈地區，其成因與性質均與「黃土高原」的「原生黃土」有別。〔註3〕

　　黃土的成因有數種，除了風成（aeolian）以外，尚有洪積（deluvial）、沖積（alluvial）與冰川侵蝕，我國黃土高原的黃土大都是風成的，而華北平原的黃土大都是沖積、洪積、坡積和殘積的（residual）。〔註4〕

〔註1〕劉東生等，《中國的黃土堆積》（北京：科學出版社，1965年），頁1。此據何炳棣，《黃土與中國農業的起源》，頁13所引。
〔註2〕何炳棣，《黃土與中國農業的起源》，頁13～14。
〔註3〕同註2，頁13。
〔註4〕同註2，頁14～15。

我國黃土的特徵有五：

1. 質地稀鬆多空，與其他土壤相較，顆粒甚細，大部份粒子的大小是 0.05～0.03mm，且有稜角。〔註5〕

2. 具有垂直的柱形紋理，其原因是土壤中有多量的石灰質，石灰質來自碳酸鈣。〔註6〕

3. 土壤中所含鈣、鎂、鉀、鈉，尤其是鈣與鉀等無機物很多，故土壤一般呈鹼性。〔註7〕

4. 土壤中缺少有機物和氮，其含氮量約為 0.07％，腐植質是在 1～2％以下。〔註8〕

5. 土壤未經風化，或風化程度很低。〔註9〕

就柱形紋理而言，土壤之所以有柱形紋理，是因為土壤中含有多量石灰質，石灰質以碳酸鈣的成份為主，碳酸鹽本是一種易於溶解流失的物質，而黃土中竟存有如此多量的碳酸鹽，此表明了黃土風化程度的微弱，而風化程度的微弱，亦同時表明了當地長期「乾燥」的自然環境。此與長江以南地區恰好成一明顯的對比，長江以南因為氣溫高、雨量多、森林密，土壤的風化、分解和發育完全，土壤中的各種基鹽大都已被溶解流失，土壤一般呈酸性。〔註10〕

綜合以上所述，知華北的黃土並不是一種很肥沃的土壤，主要是因為缺乏「有機物」和「氮」這兩種重要的養分。然而，黃土的養分含量雖有匱乏，但是它與濕潤地帶的土壤比較起來，亦有其優點：〔註11〕

1. 因為雨量少，而致土壤中的無機養分保留較多。

2. 就黃土的堆積狀態而言，其表層（耕土）的土層極厚，故適應於乾燥地帶深根作物的根部，使其能不受障礙而吸取下層的水分和養分。

3. 就土性而言，黃土不若鹼土之過於黏，亦不若砂土之過於鬆，深得中庸之道，頗易於耕種。

〔註5〕拾錄，〈華北的黃土〉，《大陸雜誌》第四卷第十一期（1952年6月），頁15。
〔註6〕同註2，頁18。
〔註7〕同註2，頁18；同註5，頁15。
〔註8〕同註5，頁15。
〔註9〕同註2，頁18。
〔註10〕參見何炳棣，《黃土與中國農業的起源》，頁18～19；拾錄，〈華北的黃土〉，頁15。
〔註11〕同註5，頁21。

4. 土壤粒子作團粒構造，稀鬆多孔，易於通氣、通水。

世界上沒有任何一塊土地的土性是十全十美的，自必有其優點與缺點，最重要是，這塊土地上所耕植的是何種作物，每種作物對土性都各有其特殊要求，如果能配合得好，縱使土性有其缺點亦無甚緊要。就華北的黃土而言，其土性究竟適於種植何種作物？稻米是否宜於在此地生長？農作物是否能夠栽培成功，除了「土性」之外，「氣溫」、「雨量」也是極重要的因素，其重要性甚至還超過「土性」。所以，古代華北的自然環境是否宜於稻作，我們除了要考慮到黃土的土性以外，其他因素如雨量、氣溫，也是尤不可忽視的。

第二節　甲骨卜辭中所見的氣候紀錄

曾經利用甲骨資料以研究殷代氣候狀況的學者有數位，最早的是魏特夫（Karl August Wittfogel）；〔註12〕繼有董作賓先生的評論——〈讀魏特夫商代卜辭中的氣象記錄〉；〔註13〕胡厚宣先生也撰有〈氣候變遷與殷代氣候之檢討〉長文一篇；〔註14〕後來董作賓先生作《殷曆譜》鉅著時，亦曾約略提及；〔註15〕董氏弟子張秉權先生，亦分別於民國 57 年與 59 年，撰〈商代卜辭中氣象記錄之商榷〉與〈殷代的農業與氣象〉專文兩篇。〔註16〕

值得奇怪的是，諸氏利用同樣的甲骨資料所求得的氣候狀況卻各有不同：

魏特夫：較今日為暖。

董作賓：與今世無大差異。

〔註12〕 魏特夫（Karl August Wittfogel），"Meteorological Records from the Divination Inscriptions of Shang". *The Geographical Review*, Vol. 30, no. 1（1940.1）, pp. 110~133.
　　　　陳家芷譯，〈商代卜辭中的氣象記錄〉，《大學》第一卷第一、二期（1932 年 1、2 月），頁數不詳。魏文與陳譯均不得見。
〔註13〕 董作賓，〈讀魏特夫商代卜辭中的氣象記錄〉，《中國文化研究所集刊》第三卷第一、二、三、四號合刊（1943 年），頁 81～88。
〔註14〕 胡厚宣，〈氣候變遷與殷伐氣候之檢討〉，《甲骨學商史論叢》二集下冊（臺北：大通書局，1973 年影本），頁 291～419。
〔註15〕 董作賓，《殷曆譜》（四川：史語所，1945 年），下編卷九日譜二文武丁日譜，頁 44～47。
〔註16〕 張秉權，〈商代卜辭中的氣象記錄之商榷〉，《學術季刊》第六卷第二期（1968 年 12 月），頁 74～98；〈殷代的農業與氣象〉，《集刊》第四十二本第二分（1970 年 3 月），頁 267～336。

胡厚宣：約等於今日的亞熱帶氣候。

張秉權：從董說。

何以會出現如此歧異的結論？主要的問題還是出自甲骨資料的本身：

1. 甲骨文中有關氣候的幾個關鍵字彙，如 𤈦、𡆥、𡅀、𦏧、𩂣……等究竟指何事何物？其詞性、用法如何？直到今日仍是眾說紛紜，沒有定論。

2. 無法用「統計法」來處理甲骨資料，只能逐條檢查、分析。

3. 有關氣候的甲骨資料過於零碎，最好是有成套卜辭的資料，以便能在某一特定的時間範圍內得到相續而完整的氣候記錄，然而此類成套的卜辭甚少，唯有二件而已，且此成套卜辭所紀錄的時間亦只涵蓋五個月份，並非是全年的完整記錄。

所以若要專以卜辭資料以求其時的氣候狀況，是極度困難而危險的，每個人均可能根據其先定的假設找到有利的資料，無怪乎其結論是紛歧多變了。撰者以爲最理想的方法是：首先根據科學鑑定法如孢粉、化石、土壤、地質分析與文獻所載的物候狀況，爲殷代描繪出一個可信靠的氣候輪廓，再拿卜辭氣候資料來印證這個輪廓，而不是直接參與這個輪廓的造成。

然而，科學鑑定法並未能有計劃的展開，少量的分析結果並不足以描繪出一個完整的輪廓。所以，在此必須本末倒置地作一項嘗試，即是根據日人島邦男所編的《殷墟卜辭綜類》〔註17〕一書，採出有關氣候的資料，在能力許可的範圍內作推測。

首論「雨」。甲骨殘片中涉及「雨」字的，爲數不少，但大多未附月份，或雖附月份卻係「卜問」而非「記事」之辭，如此其利用價值必大爲減低。然而，在此不利的情況之下，仍可略窺端倪：

一月份是「卜月雨」最多的月份之一，「卜月雨」次數既多，即表明該月份所降的雨不多，故須以月爲時間單位而卜之，至於降雨多的月份則多「卜日雨」、「卜冓雨」、「卜多雨」、「卜大雨」、「卜征雨」之辭。一月卜雨既多，則知其整月的雨量必少。

二月、三月的落雨狀況與一月大同小異。

四月、五月、六月、七月應爲多雨季節，因「卜日雨」、「卜夕雨」、「卜冓雨」、「卜征雨」之辭在全月的卜雨資料中比重最高。在另一方面，這些月

〔註17〕島邦男，《殷墟卜辭綜類》（東京：大安株式會社，1967年）。

份卜雨資料較其他月份爲少，或係其時雨水不虞匱乏故勿需問卜之故。

八月是個矛盾季節，一方面有「卜月雨」之辭，另方面又卜「夕雨」、「莽雨」、「多雨」，或許這是因爲八月的氣候脈動較不正常的緣故罷。

十月不多雨，亦不少雨。

十一、十二、十三這三個月份，「卜月雨」的次數要比前幾個月增加很多，此表明這些月份的降雨量必少。

中央研究院在安陽殷墟作第十三次發掘時，曾獲大型龜版一塊，〔註18〕全版卜「十三月雨」凡十餘次，董作賓先生據此而推論：〔註19〕

1. 冬季缺少雨雪之經驗。

2. 己未以前久已不雨。

3. 冬季盼望雨雪之迫切。

對於董氏的推論，撰者頗有疑問。董氏執意以爲，殷地氣候如今世般嚴寒，故凡冬季「卜雨」之辭，董氏多以「雨」字爲動詞，作「降、落、下」解，即「卜雨雪」之省寫。其實，殷人冬季卜雨，非必是指雪而言，即如董氏所言殷地氣候與今日同，則據胡煥庸《黃河志》今日的華北在冬季下雨是正常的現象，〔註20〕涂長望〈中國雨量區分類〉一文統計黃河流域雨量分佈，冬季佔3％，〔註21〕以今日比殷世，殷世的冬季也可能下雨，所以怎可言冬季卜雨必指雪呢？至於此版卜辭所卜究爲雨還是雪？此很難斷定。

另有一版經過拼合的卜辭，此版在世界氣象史上是極珍貴的一份資料，因爲它是五個月內相續而完整的氣象記錄，董作賓先生將它定在文武丁六年十二月至七年四月間。〔註22〕董氏統計此五個月份的落雨日數爲：〔註23〕

月　份	十三	一	二	三	四
落雨日數	2	3	3	2	1

而民國9、10、11、12、13、14、20及21年，此八年內每個月內的落雨

〔註18〕董作賓，〈殷曆譜後記〉，《集刊》第十三本（1948年），頁187。

〔註19〕同註18，頁188～189。

〔註20〕胡煥庸，《黃河志》（上海：商務印書館，1936年十初版）附表三〈各地雨量表〉、附表四〈各地雨日表〉，頁105～161。

〔註21〕涂長望，〈中國雨量區域分類〉，《氣象研究所集刊》第五號；此據胡煥庸，《黃河志》，頁13～14所引。

〔註22〕同註15，頁44～45。

〔註23〕同註15，頁45。

日數如下：〔註24〕

月份／年份	一	二	三	四	五	六	七	八	九	十	十一	十二
9	0	3	0	0	／	1	1	1	4	2	0	1
10	2	0	1	2	2	2	4	8	2	1	1	0
11	0	／	0	2	3	2	8	2	2	0	0	0
12	1	3	3	4	3	4	8	4	3	2	0	0
13	0	1	2	2	2	1	5	4	2	／	／	／
14	1	0	1	2	2	3	7	5	1	0	0	0
20	／	／	／	／	／	6	6	14	2	2	3	1
21	1	1	0	3	8	5	14	7	4	1	4	2

兩相比較，知今昔所差無幾。

次論「雪」。董氏引《黃河志》云：「黃河流域下雪日期，普通多自十一月至三月。如塘沽，平均晚雪為二月二十六日，最遲晚雪，則為三月二十二日。……由四月卜雪（《乙》一九九：乙酉下雪。今夕雨？四月。不雨。）之事實，益可見殷代氣候與近世無異。」〔註25〕於此撰者有幾個疑問：

1. 據《黃河志》所載，三月二十二日的終雪期乃是指異常的最遲情況而言，平均終雪期是二月二十六日。董氏既舉出四月下雪的事實，由是證明殷代的終雪期有至四月的可能。據竺可楨先生的說法。春季的終雪期愈晚，則該地的氣候愈冷。〔註26〕既然殷代的終雪期可能至四月，尚晚於今世的華北，則是古代的華北應較今世為「嚴寒」，而非「無異」。事實上，從卜辭上卻看不出有任何過度嚴寒的跡象。

2. 殷人不僅四月卜雪，五月亦卜雪，〔註27〕是不是殷代亦有五月下雪的可能呢？

3. 倘若殷代的氣候比今日嚴寒，則卜辭中應該有甚多的卜雪資料，其實不然。

綜合以上三點所述，知殷世氣候至少不會比今日嚴寒。

最後就「風」而言，據卜辭看來，風多自北方來，而且有「扶風」、「飆

〔註24〕同註15，頁45。
〔註25〕同註15，頁47。
〔註26〕竺可楨，〈中國歷史上的氣候變遷〉，《東方雜誌》第二十二卷第三期（1925年2月），頁91。
〔註27〕島邦男，《殷墟卜辭綜類》，頁249。

風」、「迴風」、「大風」等辭，有時還釀致災禍，故而宁風之祭處處可見。〔註
28〕今日的華北地區，冬季爲西北風，夏季爲東南風，大風來時，飛沙走石，
至爲險惡，與卜辭中所反映的情狀也很相似。〔註29〕

　　總合而言，殷世華北地區的氣候究竟是與今日相同？還是與今日有極大
的差異？就雨量及降雨的日數而言，卜辭中所反映的狀況與今日的華北是很
相似的；〔註30〕就下雪與刮風而言，卜辭中所反映的狀況亦與今日的華北類
似。故當以董氏「與今世無大差異」之說爲是。

第三節　孢粉分析與文獻所見的植被

　　植被，是氣溫、雨量、土壤、生物和歷史的綜合產物，前四者是屬自然
的，歷史是屬人文的，在人類文明初啓之時，構成某地植被特徵的因素以氣
溫、雨量等自然界力量爲鉅，而以人文的力量爲小。故若欲探討史前或人類
歷史之初的自然環境狀況，從植被入手當是一條有利的途徑。

　　本節擬以兩方面的資料來探討中國史前及殷商時代的植被特徵：一是「孢
子花粉分析」（pollen analysis），簡作「孢粉分析」；一是《詩經》、《禹貢》與
其他文獻。

　　目前所能見及的華北地區孢粉分析論文，約有十篇。這些論文，以時代
論，上起更新世初期，下迄新石器時代的仰韶文化期；以地域論，包括三門
峽區域，山西午城、離石，河北燕山南麓，北京平原，遼東半島與西安半坡。
〔註31〕更新時代的孢粉分析結果在此不擬討論，只討論西安半坡、燕山南麓、
北京平原泥炭沼（pat-bogs）三處的孢粉分析結果。西安半坡是華北仰韶文化
的典型遺址，而且北平附近泥炭層的形成與乾涸也是最近幾千年內之事，〔註
32〕所以西安半坡孢粉分析的結果可代表新石器時代黃土高原的植被特徵，而
燕山南麓、北京平原孢粉分析的結果可代表新石器時代華北平原的植被特徵。

　　西安半坡遺址孢粉組合成分表如下：〔註33〕

〔註28〕斯維至，〈殷代風之神話〉，《中國文化研究彙刊》第八卷（1948年9月），頁
　　　　1～10。

〔註29〕同註15，頁47。

〔註30〕同註20。

〔註31〕同註2，頁26。

〔註32〕同註2，頁29。

〔註33〕同註2，頁80～81。

木 本 植 物	冷杉	松	雲杉	鐵杉	柳	胡桃	樺	鵝耳櫪	櫟	榆	柿	總計
剖面各層孢粉總數	5	7	1	1	17	2	2	1	1	2	1	40

草 木 植 物	禾本科	藜科	十字花科	繖形花科	葎草屬	蒿屬	石松屬	蕨類	總計
剖面各層孢粉總數	5	141	2	33	4	38	1	4	278

在此表中，顯見草本植物的孢粉遠較木本植物爲多，而在草本植物中，又以藜科植物的孢粉最多，幾佔全草木植物孢粉總數的一半，其次爲蒿屬植物。藜科植物共有七十三屬、五百餘種之多，一般生於草原及荒地，其特性爲耐旱與耐鹼。〔註34〕蒿屬植物的種類也很多，少數雖能適應較爲濕暖的氣候，但大多數是半乾旱或乾旱地區的代表性植物。〔註35〕周昆叔據此推論說：「當時植物是不豐富的。在疏稀的草原植物中夾雜著零星的榆和柿等喬木樹種。……從這一地區孢粉分析結果所反映的植被景觀來看，說明當時的氣候屬於半乾旱性氣候，與今日該處之氣候相仿。」〔註36〕

以上是黃土高原的氣候狀況，至於華北平原一帶，周昆叔先生根據北京平原泥炭沼的孢粉譜並參考小五臺山留存的部份原始植被推論說：

> 我們認爲北京平原的原始植被，既非草原，也非森林，而是森林與草原兼而有之的意見是正確的，並在低濕地區有一些濕生和沼澤生植被的分佈。森林成分中以櫟樹爲主，混雜著一些松樹，並且混生有榆、椴、樺、械、柿、鵝耳櫪、朴、胡桃和榛等喬灌木植物。草原植物有蒿、禾本科和藜科植物，並混生有麻黃，代表著旱生的乾草原類型；也有一些中生的草甸草原類型的植物，如象藜科和繖形科植物。〔註37〕

綜合以上孢粉分析的結果，發現它們的結論都是一致的，即是新石器時代的仰韶文化期，整個華北地區的氣候狀況是長期的「乾旱」或「半乾旱」，然而華北平原乾旱的程度似乎不如黃土高原，因爲華北平原至少還存在著低濕的

〔註34〕同註2，頁81。

〔註35〕同註2，頁77。

〔註36〕周昆叔，〈西安半坡新石器時代遺址的孢粉分析〉，頁520～522。此據何炳棣，《黃土與中國農業的起源》，頁29～30所引。

〔註37〕周昆叔，〈對北京市附近兩個埋藏泥炭沼的調查及其孢粉分析〉，《中國第四紀研究》第四卷第一期（1965年），頁132；劉金陵、李文漪、孫孟蓉、劉牧靈，〈燕山南麓泥炭的孢粉組合〉，同卷同期，分析推論與周文同。此據何炳棣，《黃土與中國農業的起源》，頁30所引。

沼澤，以容納一些濕生和沼澤生的植物生長。

　　由文獻以見古代華北地區的植被，是指兩周的文獻，如《詩經》、《禹貢》〔註38〕、《管子‧地員篇》並旁及後世的補註。《管子‧地員篇》的敘述究指何處，今仍不詳，故茲不採；《禹貢》的資料相當平實可靠，〔註39〕但嫌簡略；至於《詩經》，其史料價值最高，但其究竟不是植物專書，故所提及的植物種類有限，除竹類外，木本植物五十四種，草木植物四一種；若再加上人工種植的糧食作物與水生植物，總計一百五十種以內，但較之《聖經》、《荷馬史詩》已算相當豐富了，〔註40〕所以《詩經》仍然可以算是一部相當有利的植被資料。

　　《詩經》各篇章所代表的地域相當廣泛，別以言之：〔註41〕

1. 〈周南〉所代表的地域是洛陽向東南，經汝水，以達江漢地區。
2. 〈召南〉代表終南山、秦嶺以南地區，即黃土高原的南限。
3. 〈邶風〉、〈鄘風〉、〈衛風〉代表河南的中北部與河北的西南端，屬於次生黃土的華北平原區。
4. 〈王風〉、〈鄭風〉、〈陳風〉、〈檜風〉、〈商頌〉代表河南的其餘部份與安徽的西北角。
5. 〈齊風〉、〈曹風〉、〈魯頌〉代表山東的西半部。
6. 〈魏風〉、〈唐風〉代表山西的大部份。
7. 〈周頌〉、〈秦風〉代表陝西涇、渭盆地及四周一帶。
8. 〈大雅〉、〈小雅〉大部份與陝西有關。

　　可見《詩經》所包括的有「黃土高原」與「華北平原」兩大地理區，尤以黃土高原的資料最為豐富。〔註42〕

　　何炳棣先生把《詩經》中的植被資料，依「植物種類」與「生長地點」

〔註38〕〈禹貢〉撰者究屬何人，顧頡剛以為乃紀元前三世紀的秦人；屈萬里以為〈禹貢〉之撰最早不得過春秋中葉，最晚也不會到戰國時代，即春秋之末的三晉人，總之它是在東周時代撰成的，當無疑義。顧說見何炳棣，《黃土與中國農業的起源》，頁70所述；屈說見所撰，〈論禹貢著成的時代〉，《集刊》第三十五本（1964年），頁53～58。

〔註39〕何炳棣，《黃土與中國農業的起源》，頁70～71引顧頡剛言：「〈禹貢〉用徵實的態度聯繫實際，作出全面性的地理記述，雖是假借了禹事作起訖，其實與禹無關，這是作者的科學精神的強烈表現。」

〔註40〕同註2，頁39。

〔註41〕同註2，頁37～39。

〔註42〕同註2，頁39。

作了精密的分析統計工作。〔註43〕在其統計中，《詩經》中的木本植物，除少數為針葉樹以外，其餘絕大多數係闊葉落葉澍，與今日華北的植被特徵相同，而森林中闊葉落葉樹成分之高，「是由於最後一次間冰期，即距今一萬年起，氣候暖和的原因」。〔註44〕至於此些木本植物所分佈的地形，十分之七在山上，不到四分之一在低平的濕地。〔註45〕

　　草木植物，包括「蔓草」、「稉秀」、「水生植物」與「人工栽培作物」，在《詩經》中共出現七四次，所分佈的地形各處皆有，尤以原野為多〔註46〕。草本植物中又以「蒿屬」植物的出現次數最多。總計其名稱計有十種，此十種蒿屬植物所出現的地理區域如下：〔註47〕

```
〈周南〉（洛陽以南至江、漢）·············1
〈召南〉（秦嶺、終南以南）·············2
〈衛風〉┐
〈王風〉├（河南）·············2
〈檜風〉┘·············1
                  1
〈豳風〉┐
〈小雅〉├（陝西）·············10
〈大雅〉┘·············1
```

《詩經》中蒿屬植物之多與分佈的普遍（尤以黃土高原的陝西為最），正與近年來孢粉分析的結果（如前述）不謀而合，此益可見古代華北的氣候確是處在一種長期乾燥的狀態中，尤以黃土高原為然。

　　〈禹貢〉所提及的「雍州」，約當今陝西一帶。〔註48〕〈禹貢〉對其地的描述是：「……終南惇物，至于鳥鼠；原隰底績，至于豬野，……厥土惟黃壤……。」〔註49〕何炳棣以為，「終南惇物」一句意指終南之山物產豐饒，至

〔註43〕同註2，頁42～55、67～68、73、76。
〔註44〕同註2，頁65。
〔註45〕同註2，頁68。
〔註46〕同註2，頁73～74。
〔註47〕同註2，頁76。
〔註48〕參見屈萬里，《尚書釋義》（臺北：華岡出版社，1972 年 4 月增訂版），頁34。
〔註49〕同註48，頁33，斷句從屈本。

於何物爲惇，何氏乃以《漢書·東方朔傳》所列「金、銀、杭、稻」等物以爲補註。〔註 50〕然而撰者驗之他書，發現何氏恐有曲解〈禹貢〉之嫌。頃辭世之屈翼鵬先生釋「惇物」曰：「惇物，山名；在今陝西武功縣南。」〔註 51〕筆者細察〈禹貢〉原文，亦以屈說爲合理，故屏何說、從屈說。至以下諸句，屈氏釋之曰：「鳥鼠，山名；在今甘肅渭源縣。原，高原。隰，低窪處。豬，猶澤也。豬野，謂荒蕪之地；與上原隰，均非地名，《覆詁》說。」〔註 52〕至於「厥土惟黃壤」一句，顯然是形容該土色之黃。以上是〈禹貢〉對陝西地形與土壤的形容。

〈禹貢〉所提及的「兗州」，約當今魯西平原、河南東北角與河北南部的平原。〔註 53〕〈禹貢〉對其地的描述是：「……桑土既蠶，是降丘宅土。厥土黑墳。厥草惟繇，厥木惟條。」〔註 54〕顯見此是一塊低平下濕之地。何炳棣演之曰：「此區的自然景觀很像是草甸區，因爲較黑的土壤一般皆因草原植被的比較豐富的植物腐質，黑土不是森林土。大概在比較低濕而又不是經常氾濫的地方，偶有喬木的林叢。」〔註 55〕

以上所引的三種資料——孢粉分析的結果、《詩經》與〈禹貢〉，它們對華北地區地理情況的描述似乎有不盡相符的地方。由孢粉分析所得的印象是：整個黃土區，包括黃土高原與華北平原，據植被特徵看來，其氣候是「半乾旱」或「乾旱」的，而華北平原應較黃土高原稍潤濕，且有若干低濕沼澤的分佈，至於其分佈的情形如何，不得而知。《詩經》所顯示的植被特徵，據何炳棣統計的結果，與孢粉分析的結果頗相類似；尤以陝西地區蒿屬植物之多，顯示出黃土高原應較華北平原爲乾旱，此一點亦與孢粉分析的結果不謀而合。

然據〈禹貢〉所述，似乎黃土高原與華北平原均有相當的沼澤分佈。除〈禹貢〉而外，《詩經》、《左傳》……等也有類似的記載：

彼汾沮洳（《詩·魏風·汾沮洳》）

韓獻子對曰：郇瑕氏土薄水淺，其惡易覯……於是乎有沈溺重膇之疾。（《左傳·成公六年》）

〔註 50〕同註 2，頁 71。

〔註 51〕同註 48。

〔註 52〕同註 48。

〔註 53〕同註 2，頁 72。

〔註 54〕同註 48，頁 28。

〔註 55〕同註 2，頁 72。

景公欲更晏子之宅，曰：子之宅湫隘不可以居，請更諸爽塏者。(《左傳·昭公三年》)

又以文獻所見，古代華北多產竹：

瞻彼淇澳，綠竹青青。……瞻彼淇澳，綠竹如簀。(《詩·衛風·淇澳》)

塞瓠子決河，下淇園之竹以爲楗。(《漢書·溝洫志》)

英山其陽多箭。……又西五十二里曰竹山。……竹水出焉，北流注于渭，蘭陽多竹箭。……又西七十里，曰羭次之山，漆水出焉，北流注于渭，其上多棫橿，其下多竹箭。(《山海經·西山經》)

夫多西饒林、竹、穀、纑、旄、玉、石……渭川千畝竹，其人與千戶侯等。(《史記·貨殖傳》)

永安離宮，修竹冬青。(《張衡·東京賦》)

因爲竹是暖濕潤地區的產物，多見於江南一帶，故蒙文通以爲古代華北氣候與今日江域一帶的氣候相同，〔註56〕然而這樣又與孢粉分析、《詩經》所顯示的狀況大相違背了，倘若再參證卜辭、動物化石等資料，更見諸家所說的紛歧了，究竟應取信於何方，請容後再行討論。

第四節 動物與動物化石

由古代文獻所載的「動物」——如象與鱷魚，與今日所見的動物化石——如象、犀牛、竹鼠等，來看古代華北的地理氣候，似乎與今日的地理氣候不甚相同。

《孟子》卷三曰：「周公相武王，誅紂伐奄，三年，討其君，驅飛廉於海隅而戮之，滅國者五十，驅虎豹犀象而遠之，天下大悅。」〔註57〕《呂氏春秋·古樂篇》又曰：「商人服象，爲虐于東夷，周公以師逐之，至于江南。」〔註58〕是商代中原有象，於此已顯現端倪。

〔註56〕蒙文通講、王樹民記。〈古代河域氣候有如今江域說〉，《禹貢》半月刊第一卷第二期（1934年3月），頁14～15。

〔註57〕《孟子》卷六〈滕文公〉下，頁117，《十三經注疏附校勘記》（嘉慶二十年南昌府學雕，藝文書店影本），冊八。

〔註58〕《呂氏春秋》卷五〈古樂〉，《四部叢刊初編》縮本，冊二十四（臺北：商務印書館，1965年），頁33。

近世羅振玉、王國維於此有雜考，羅氏曰：

> 象爲南越大獸，此後世事，古代則黃河南北亦有之，爲字從手牽象，
> 則象爲尋常服御之物，今殷虛遺物，有鏤象牙禮器，又有象齒甚多，
> 卜用之骨有絕大者，殆亦象骨，又卜辭田獵有「獲象」之語，知古
> 者中原象，至殷世尚盛也。〔註59〕

王國維〈戩臼跋〉亦云：「象中國固有之，春秋以後，乃不復見。」〔註60〕

徐中舒更以專文討論之，他以甲骨文有「獲象」、「來象」之辭以證殷代河南確爲產象之區，更以禹貢所言豫州之「豫」爲「象」、「邑」二字合文，以爲輔證；次以甲骨文「爲」字從手牽象，並引《孟子》之語，以爲殷人服象之證；他以爲周代象已南遷至江南之間，至西元五世紀到十世紀象又遷至荊南閩粵各地，但仍不時出現於江淮流域，直至近二百年來，象始絕跡於中國。〔註61〕

徐文自羅、王二氏所說演發，其文更見博約精密，似乎古代華北平原產象、役象，已不容再疑。然三氏均未據此遽論殷世中原之氣候如何。而姚寶猷不但認爲古代中原有象，而且認爲「鱷魚」亦有之，象與鱷魚既是喜溫濕的南方動物，則姚寶猷假定說：「大抵在唐代以前（七世紀以前），我國北方氣候，尚很潮濕和溫暖，到了唐代，便漸漸地起了變化，及至宋代，更加乾燥化。」〔註62〕

胡厚宣一向極力主張，古代黃河流域的氣候必較今日爲暖，有如今日的亞熱帶氣候。〔註63〕其所舉論證甚多，其中有關動物與動物化石者，爲「兕象之生長」〔註64〕、「殷墟發掘所得之哺乳類動物群」〔註65〕、「田獵所獲之動物」。〔註66〕

究竟姚、胡二氏的看法是否真確？撰者認爲須由兩方面來檢討：（一）若象、鱷魚、犀牛等熱帶動物果真曾在華北繁衍，則是否即可斷言華北的氣候

〔註59〕羅振玉，《殷墟書契考釋》；此據徐中舒，〈殷人服象及象之南遷〉，頁62所引。

〔註60〕王國維，《觀堂別集・戩臼跋》，載入《王觀堂先生全集》冊四（臺北：文華出版公司，1968年），頁1306。

〔註61〕徐中舒，〈殷人服象及象之南遷〉，《集刊》第二本第一分（1930年5月），頁60～75。

〔註62〕姚寶猷，〈中國歷史上氣候變遷之另一研究——象和鱷魚產地變遷的考證〉，《史學專刊》第一卷第一期（1935年12月），頁111～151。

〔註63〕同註14。

〔註64〕同註14，頁39～43。

〔註65〕同註14，頁43～44。

〔註66〕同註14，頁44～49。

狀況？（二）上述熱帶動物在古代的華北是否爲一種「恆常」而「普遍」性的存在？

首就後者而言，近世調查各地層動物化石的結果，否定了這種恆常、普遍存在的可能性。而黃土區古動物群的一般特徵是：

> 分析一下各時期的黃土中所含哺乳動物的成分，都自成一個有特徵的乾旱草原型的動物群。如鼢鼠類（Myosplax sp.），鴕鳥（Struthiothus sp.），馬類（Equvs sp.），鹿類（Cervus sp.）等，都是有代表性的黃土區生物。〔註67〕

至於對喜溫濕熱帶化石的發現，地質學家解釋爲：

> 黃土中的動物化石，自更新世中期以來，即以嚙齒類爲主。其所代表的動物生態環境是一個乾旱草原。這和黃土中的孢粉分析所得的結果是一致的。但一直引人注意的是，在黃土中曾報導過發現象（Elephus indicus L.）、犀牛（Rhinoceros sp.）、竹鼠（Rhizomys trogolodytes）等喜濕熱的動物化石。這類黃土在過去多是指馬蘭黃土。……從所見的材料中發現，已往提到的象、犀牛及其他喜濕熱的動物化石，除根本不是來自黃土中，而是來自砂礫石層中外，多數層位不清楚，其產狀也不明。〔註68〕

> 在黃土地區確實找到過不少含有象、犀牛、河狸化石的層位。這些化石都發現於不同時期的河流沖積或湖相沈積中。〔註69〕

何炳棣也提出嚴正的反證說：若象、犀牛、竹鼠的發現象徵黃土區古自然環境的相對濕暖，則猛獁象、披毛犀、駱駝的發現是否也象徵著該地是類似蘚苔的半凍原野或荒涼的沙漠？〔註70〕

至於對黃土區溫濕動物的存在的原因，何氏也提出有力的假說：「黃土區河湖相地層和史前與上古有史時代排水不良的地帶，因爲水分較多，生長著叢林，爲犀、象、竹鼠、香貓（Paguma）這類華南型、東南亞型喜濕暖的動物棲遲之所，本不足異。」〔註71〕

〔註67〕劉東生等，《中國的黃土堆積》（北京：科學出版社，1965年）；此據何炳棣，《黃土與中國農業之起源》，頁21所引。

〔註68〕同註67，頁21～22。

〔註69〕同註67，頁22。

〔註70〕同註2，頁23。

〔註71〕同註2，頁23。

　　此先不論何炳棣等對黃土區喜濕暖動物的存在所提出的理由是否充份有力，我們只需對一個客觀性的事實作一判斷：這些動物是否為一種恒常、普遍的存在？對此我們似乎已經得到了明確的答案，至於我們是否可以根據這些「異常」成份的動物以推斷華北的氣候地理狀況？這個答案似乎也是很明顯的，然而我們卻不必以為這些異常動物對華北的氣候地理狀況，毫無啓發。至於牠們啓發了什麼，且留待總結華北自然環境時，與土質、植物……等一併討論當更具意義。

第五節　古代華北的氣候狀況

　　組成某地氣候狀況的主要因素，一是「氣溫」，一是「雨量」；除了氣溫與雨量之外，當然還包括濕度、氣壓、風力、風向……等，然而本文所欲討論的主題是「稻作」，影響稻作的最主要因素是氣溫與雨量二者，所以本節所討論的氣候狀況亦旨在氣溫與雨量二者。

　　首言氣溫。古代華北地區的氣溫是否同於今日？若是不同，則又當如何？根據本章第二節「甲骨卜辭中所見的氣候記錄」中有關「雪」的資料，所歸納的結論是：殷世該地的氣候至少不會比今日嚴寒，即董作賓先生所言，與今世無大差異；我們如此作結論的最主要根據是，卜辭中所顯示的終雪期與今日的華北差不多，[註72] 既然終雪期的早、遲，與氣溫有關，那麼今、昔華北的氣溫必然是差不多了。然而再據本章第四章「動物與動物化石」中所作的討論，古代的華北確實曾生存過如象、鱷魚、犀牛、竹鼠……等熱帶動物，而且這些熱帶動物是該地野生、非由人力自外地輸入的，所以姚寶猷、蒙文通、胡厚宣等學者即據此以為古代的華北氣候必然較今日為熱；[註73] 然而我們必須要注意到，這些熱帶動物的存在極可能是一種引人入彀的陷阱，因為這並不是一種「普遍性」的存在，而是一種「區域性」的變相，我們不應該依據這種區域性的變相，即輕率而武斷地假定了整個華北地區的一般氣候狀況。那麼，究竟其氣溫實況如何呢？

　　就整個地球而言，它的溫度是一個很穩定的量，幾千萬年以來只有增減攝氏五度的變化。最顯著的溫度週期變化是冰河時代，估計每十萬年為一週

〔註72〕同註20，頁61。
〔註73〕姚、蒙、胡等學者的證據尚不止「熱帶動物」一端。

期，每一週期內均有一段較溫暖的時間，另外在每一週期內還有小的週期變化與非週期性的變化，至於地區性的變化，那就更為複雜了。

以上是整個地球氣候變動的大致情形，然而，我們所言的「氣候變動」，並非為一絕對名詞，必須同時標示出「時間長距」方為有意義。舉例言，最近十年內每年平均溫必有高低起伏的變化，也許此高低之差十分微小，但必可在以十年為期的氣溫變化圖表上以起伏的曲線標示出來；但若把在十年的溫度置於以千年為期的氣溫變化圖表上，也許這十年內的溫度之差看起來就顯得微不足道了，在圖表上它成為一條平線而非曲線。以實例來表明，圖 3-1 是過去八十五萬年內的氣溫變化曲線；圖 3-2 是過去一萬年內的氣溫變化曲線；圖 3-3 是過去一千年內的氣溫變化曲線：〔註 74〕

圖 3-1

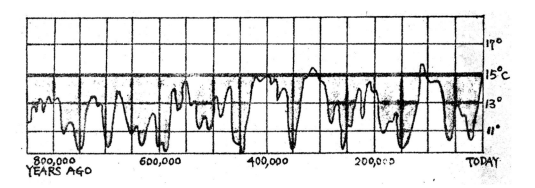

圖 3-2   圖 3-3

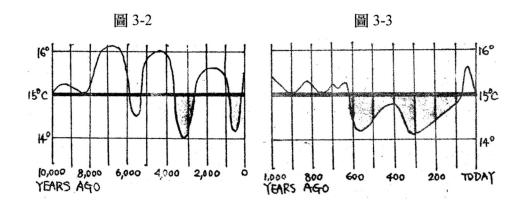

〔註 74〕 Samuel W. Matthews. "What's Happening to Our Climate?" *National Geoqrqphic*, Vol. 150, no 5（1976.11）, pp. 614~615.

　　比較三圖可知，過去一千年內的氣溫變化置於以千年、以萬年、以八十五萬年爲期的圖表中所呈現的曲線變化並不相同。然而，有一點卻是可以肯定的，即是各時間長距的氣溫變化幅度是確定不移的，如過去的一千年內，其氣溫變化是在攝氏十五度半至十四度之間，置於圖 3-1 及圖 3-2 中其變化幅度也是完全相同。在這個觀念之下，我們可依據所需要的時間長距來找出其氣溫變化幅度。

　　所謂古代的華北，意指自新石器時代之初迄於商代甚至兩周，約在距今一萬年至二千年間，由圖 3-2 所顯示的過去一萬年內的氣溫變化幅度是在攝氏十六至十四度之間，這也就是說，此一萬年內的最低溫與年最高溫相差不過攝氏「兩度」。

　　以上所言的氣溫變化是在北半球的中緯度地區內，大致還能適合中國華北地區。

　　另外，地質學家 Richard J. Flint 與氣象學家 Friedrich Brandtner，根據丹麥、荷蘭、美國加州南部、北美大湖區及聖羅連河、南美哥倫比亞首都波哥大（Bogta）等六區有關氣候的資料，製成了六條調整簡化的溫度變化曲線；據此六條曲線，大約距今一萬二千至一萬年間，冰川時期已經結束，溫度開始上升，距今一萬年至五千年間溫度上升較速，距今五千年左右溫度到達高峰，此後溫度很緩慢地下降，但下降不多，五千年前的高峰溫度和現在的溫度不過相差攝氏表兩度或三度，如就近七萬年氣溫總趨勢而言，最近五千年的溫度是遠較全期平均溫爲高。〔註 75〕

　　比照圖 3-2 與此六條曲線的結論，知二者略有出入。關於氣候變化的幅度，前者言是在距今七千年左右，後者言是在在距今五千年左右。然而大體上，二者是差不多的。

　　張光直先生曾經根據臺灣的孢粉譜以探討古今氣候之變，他認爲最後一個冰河期在距今三萬年左右，氣溫比今日低攝氏四至六度；至距今一萬四千年至一萬二千年，氣溫逐漸上升，距今八年千至四千年之間爲鼎峰期，氣溫比今日高攝氏二至三度。〔註 76〕張氏之說與圖 3-1、3-2，六條氣候變化曲線

〔註 75〕Richard J. Flint & Friedrich Brandtner, "Climatic Changes Since the Last Interglacial", *American Journal of Science*, Vol 259（1961.5）, pp. 321~327；此據何炳棣，《黃土與中國農業的起源》，頁 32～33 所引。

〔註 76〕K. C. Chang, "Beginnings of Agriculture in the Far Fast", *The Civilization of Ancient China*（Harvard-Yenching Institute）.

大致也能符合。

　　所以我們最後所作的結論是：古代華北的氣溫與今日相差不過攝氏一至三度，一般趨勢是比今日高攝氏一至二度。

　　次言「雨量」。在本章第一節「黃土」所作的討論中，我們知道「乾燥」是黃土形成與風化程度微弱的原因；至第二節孢粉分析的結果，顯示黃土高原的草木植物遠比木本植物為多，草本植物又以耐旱的蒿屬植物佔絕對優勢，故知黃土高原的氣候背景是乾旱的，而華北平原一帶則是森林與草原兼而有之，且散佈著若干湖泊沼澤，所以應較黃土高原為潤濕；《詩經》中所反映的植被特徵，與孢粉分析的結果甚為吻合，尤其值得注意的是，《詩經》中所出現的蒿屬植物以陝西省分佈最多，顯示黃土高原應較華北平原為乾旱，此外《詩經》中所出現的木本植物，絕大多數是闊葉落葉樹，何炳棣先生認為「是由於最後一次間冰期，即距今一萬年起，氣候暖和的原因」，[註77] 這一點與前述的世界氣溫變動也大致相符。

　　然而，就〈禹貢〉看來，華北地區似乎尚分佈著相當的湖泊沼澤；再就《詩經》、《左傳》、《山海經》……等文獻中的一鱗半爪看來，華北地區的某些地域盛產竹，而竹是和暖濕潤地域的產物。甚至就第四節所討論的「動物與動物化石」看來，亦給人以華北是溫濕的印象。

　　對於華北地區同時存在「乾旱」與「溫濕」這兩種相異現象的矛盾，或許亦可以「區域性的變相」來解釋。〈禹貢〉所言及的「兗州」，約當今魯西平原、河南東北角與河北南部的平原，該地區之為低平下濕，當無疑問；至於「雍州」，雖是指陝西省一帶，然而於該內所提及的地名大都屬河谷地帶，即渭河谷地與其支流的兩岸，河谷地區的較為低濕應亦無疑問；渭河各地以外的黃土高原，〈禹貢〉沒有特別形容，當然不應歸之以「低平下濕」。所以所謂的低平下濕，乃是一種局部性的現象，黃土高原的其他部份仍是乾旱的，至於象、鱷魚……等喜溫濕的動物與竹等植物，即是生長在華北平原與黃土高原的濕潤地區，是一種「局部性」而非「普遍性」的存在，至於氣溫問題，一般說來華北一年中有五個都是在攝氏二十度以上，[註78] 不能說無法滿足這些動物與植物的需要。

　　所以我們最後的結論是：一般而言，黃土高原的自然氣候背景是「乾旱」

〔註77〕同註2，頁65。
〔註78〕同註20，頁161～171。

與「半乾旱」，但某些河谷地區與山坡地帶則是較濕潤的，以至於有河湖沼澤的存在；華北平原較黃土高原潮濕，不過也有某些地區如河南省的南部平原因雨量少而較爲乾旱。

　　乾旱或潮濕的主要在雨量，華北的降雨情形如何，主要是依據卜辭資料，卜辭的出產地是在河南北部的安陽，則殷世安陽其他的降雨量主要分佈在四、五、六、七、八等夏季五個月，其他月份則稀少，此與今日安陽及華北其他各大城市比較起來，[註 79] 雨量分佈情形完全相同。至於每月的降雨量究竟是多少公釐，我們無法由卜辭中查知，但既然氣溫與今日差不多，則降雨量想來也應是大同小異了。

〔註 79〕同註 20，頁 105～153。

第四章　古代華北稻作的人文背景

第一節　甲骨文中的「稻」字

　　甲骨文中有字形作🏺、🏺、🏺、🏺，究竟應是今日的何字，曾爲多位甲骨學者所爭議，大體說來，可別爲兩派：一派釋作「酋」，酋即繹酒，此派即由此義引申；另一派以爲此字爲穀名，主張爲穀名者又分爲三派，一主爲穀之泛稱，一主爲小米的一種，一主爲稻。諸說詳於後：

　　羅振玉曰：

　　　🏺象酒盈尊，殆即許書之酋字。〔註1〕

瞿潤緡曰：

　　　卜辭言「受酋年」者多見，說文「酋，繹酒也」，引申爲多，所謂酋年者，多禾之年、豐年也。方言「酋，熟也，久熟曰酋」廣雅釋詁同，今江南謂豐年曰熟年。〔註2〕

商承祚曰：

　　　說文「酋，繹酒也」，此曰「受酋年、不受酋年」，殆卜所執釀酒之黍豐年不豐年。〔註3〕

〔註1〕羅振玉，《增訂殷虛書契考釋》（1914 年），中頁 72「猷」字條；此據李孝定，《甲骨文字集釋》冊七（臺北：中研院史語所，1965 年），頁 2399。

〔註2〕瞿潤緡，《殷虛卜辭考釋》（1933 年 5 月），頁 59 上；此據李孝定，前揭書，冊七，頁 2399。

〔註3〕商承祚，《殷契佚存》（1933 年 10 月），頁 59 上；此據李孝定，前揭書，冊七，頁 2399。

以上羅、瞿、商三氏皆釋作「酋」，以《說文》酋爲繹酒之意作爲解釋的基礎。

金祖同曰：

> 𣆶或作𣆶……疑粟字。古文粟作𥹦，从㲋，玉篇：「卥中，尊也，器也」正韻三云久切，音酉」是與酋同聲同義，从米應即奧字，廣雅：「耀奧穀也」說文：「穮，芒奧也。」又周官：「倉人職掌奧米之出入。」注：「九穀六米別爲書。」是奧乃穀米之通稱。〔註4〕

陳夢家曰：

> 秬，卜辭作𣆶，上部是米，下部象大口酉形酒器，唐蘭釋糧、讀爲𦼫，並从朱駿聲𦼫、稻一字之說，說文：『𦼫，禾也，从禾道聲，司馬相如曰「𦼫，一莖六穗」』，這種穀物在河北省中部稱爲雞爪穀，福建莆田凡多穗的小米叫做 tai，即𦼫，由此知道𦼫是禾（小米）的一種，不是稻。〔註5〕

金祖同以爲乃穀類的汎稱，陳夢家以爲乃小米的一種，二說皆與酒無關。

唐蘭曰：

> 𣆶字象米在㲋中之意，或从米㲋，以象意字聲化例推之，當讀㲋聲。从米㲋聲。當即說文之糧字，㲋聲既變，後人改之爲粟聲耳。卜辭常去「受𣆶年」，每與「受黍年」同出，則𣆶亦穀名也。𣆶是穀名，當讀如𦼫。說文「𦼫，禾也」。𣆶得與𦼫通者，士虞禮記「中月而糧，注「古文禫或爲𦼫」，是其證。朱駿聲疑「𦼫實與稻同字」，殊有見地。𦼫通導，擇米也。後漢有導官令，主舂御米，是舂而擇之也；而稻字金文每作稻，偏旁或作𣆶，是舂而舒之也。是不僅聲同，義亦近也。卜辭以𣆶年與黍年同卜，𣆶必爲重要穀類可知。𣆶稻𦼫蓋三名而一實，𣆶像容米於㲋，稻像舒米於臼，故可引申爲同一穀名矣。〔註6〕

唐說既出，胡厚宣、董作賓、李孝定等學者均從之，〔註7〕李孝定並說：「唐

〔註4〕 金祖同，《殷契遺珠釋文》（1939 年 5 月），頁 35 下；此據李孝定，前揭書，冊七，頁 2400。

〔註5〕 陳夢家，《卜辭綜述》（臺北：大通書局，1956 年影本），頁 527。

〔註6〕 唐蘭，《殷虛文字記》（1934 年），頁 25 下～26 上；此據李孝定，前揭書，頁 2356～2357。

〔註7〕 董作賓，〈從麼些文看甲骨文〉，《大陸雜誌》第三卷第一期（1951 年 7 月），頁 17；胡厚宣，〈在卜辭中見之殷代農業〉，《甲骨學商史論叢》二農上冊（臺北：大通書局，1973 年影本），頁 87～88；李孝定，前揭書，頁 2357～2358、2403。

氏之說，於形、音、義三者均優有可說，蓋不可易也。」〔註8〕

　　諸說之是非究竟如何，是否即如李孝定所言，以唐說爲不易之論？筆者甚不以爲然。旱字象容器之狀，諸家均無異說，然「米」字是否即稻米，頗難斷定，《說文》曰：「米，粟實也。象禾實之形。」〔註9〕故知古字之「米」，應解釋作粟實，唐蘭認爲專指稻實，恐有誤。

　　究竟甲骨文中有無「稻」字，直至今日仍無定論，所以不可能因甲骨文中有稻字而證殷代曾行稻作，如此胡厚宣先生所述殷代稻作一節則應疑而不從了。〔註10〕

第二節　稻在古代糧食供應上的地位

　　本節所欲討論的稻，概是以古代文獻的記載作爲依據，中國之遺有文獻自殷代甲骨文卜辭始，然甲骨文中的「稻」字，已如前述爲不可確認，故此不擬採錄甲骨文獻，至於依甲骨文獻所作的專文，此亦不予參考。〔註11〕則本節主要依據的資料，是兩周的文獻，同時也參考秦、漢與後世的補註，以勾劃出「稻在古代糧食供應上的地位」的輪廓。然而此中又有一個疑問存在著：本文所欲討論的時代是史前與殷代，而這個「稻的地位」的輪廓又主要是兩周的，如何能符合本文的主題呢？筆者以爲：本節並不離題太遠，既然史前與殷代並無可信靠的資料，那麼我們可轉而求其次，看兩周時稻在糧食供應上的地位如何，藉以推想殷代的狀況，好在兩周去殷未遠，其飲食習慣相距亦不應太大。

　　在先秦文獻中，唯有「稻」、「稌」二字，秦漢以後又出現了「秔」、「穤」、「稬」等字，及與上述諸字有關的「穬」、「秏」、「秜」等字。〔註12〕究竟此些字所代表的意義如何？歷來諸家的注釋皆互有混雜，其實此也不能怪罪於諸家的注釋不同，實在是中國古代對稻的叫名十分混雜、而又因地方方言而不同之故。根據許慎的《說文解字》說：「稻，稌也。」〔註13〕「稌，稻也。」

〔註8〕李孝定，《甲骨文字集釋》，頁2403。
〔註9〕許慎，《說文解字》（臺北：百齡出版社，1970年），頁343。
〔註10〕胡厚宣，〈在卜辭中所見之殷代農業〉，頁87～88。
〔註11〕張秉權，〈殷代的農業與氣象〉，《集刊》第四十二本第二分（1970年12月），頁267～336；胡厚宣，〈卜辭中所見之殷代農業〉，頁87～88。
〔註12〕諸字皆見於東漢許慎的《說文解字》。
〔註13〕同註9，頁335。

〔註14〕似乎稻與稌直爲一物，然而爲何又以二名區之？

程瑤田《九穀考》釋之最詳，曰：

> 案：稻，稌大名也；稬，懦也，其黏者也；稉之爲言硬也，不黏者
> 也，南方謂之秈。七月之詩：十月穫稻，爲此春酒，以介眉壽。月
> 令仲冬：乃命大酋，秫稻並齊。內則雜記：竝有稻醴。左傳：進稻
> 醴粱糗。內經：黃帝問爲五穀湯液及醪醴，岐伯對曰，必以稻米炊
> 之稻薪。皆言釀稻爲酒醴，是以稻爲黏者之名，黏者以釀也，麇（？）
> 黏黍稷黏秫，皆可以釀者也。內則：糝酏用稻米，籩人職之。餌餈
> 注亦以爲用稻米皆取其黏耳。而食醫之職，牛宜稌，鄭司農說，稌
> 稉也，又引爾雅曰，稌，稻，是又以稉釋稻，稉其不黏者也。孔子
> 曰，食夫稻，亦不必專指黏者言。職方氏揚荊諸州，亦但云其穀宜
> 稻，吾是以知稌稻之爲大名也。〔註15〕

段玉裁注《說文解字》，稻字條下從程說。〔註16〕近人陳祖槼亦以稻、稌二字爲大名，引《山海經·南山經》第一：「糈用稌米，一璧稻米，白菅爲席」爲證，並以稻是黏的糯稻，稌是指不黏的粳稻。〔註17〕綜合以上諸說，知在兩周時代，稻、稌爲大名，稻爲黏者，稌爲不黏者，而稻又時爲渾言之稱，亦可包括稌。

兩周時人對稻或稌的利用如何？據日人岡崎文夫所言，大別有四種利用法：（一）供飯、（二）釀酒、（三）薦新、（四）羞食。〔註18〕

首言以稻作飯食。禮記內則云：「飯黍、稷、稻、粱、白黍、黃粱、稰穛。」岡崎文夫據此認爲，在《禮記·內則》著作的時代，以黍、稷、稻、粱等四穀爲飯食，是一種風習；岡崎文夫更以爲，在上述四穀之中，以稻粱爲貴。〔註19〕古人貴稻，語實不假，《論語·陽貨篇》孔子說：「食夫稻、衣夫錦，於女安乎？」是古人居喪不食稻。程瑤田《九穀考》又曰：

〔註14〕同註9，頁335。

〔註15〕程瑤田，《九穀考》稻字條，《皇清經解》（臺北：復興書店，1961影本），卷五四九，總頁6154～6156。

〔註16〕同註9，頁335。

〔註17〕陳祖槼，〈中國文獻上的水稻栽培〉，《農史研究集刊》第二冊（1960年2月），頁64。

〔註18〕岡崎文夫作、于景讓譯，〈中國古代稻米稻作考〉，收入于譯《栽培植物考》第一輯（臺北：臺大農學院，1958年8月），頁36～45。

〔註19〕同註18，頁36。

考之禮經，九穀之爲簠簋食也，黍稷稻梁尚矣。……其稻梁各二簋，
則加饌也。……稻梁美，故以爲加饌。〔註20〕

據程氏的說法，稻爲貴族所常食，且爲宴客時所加之饌。然而稻何以爲貴？
據程氏所云，是因稻味美，可是岡崎文夫並不贊同。據筆者推想，除稻味美
之外，北方稻量少，物以稀爲貴，或亦爲主要原因。

次言以稻釀酒。以稻釀酒，在兩周文獻中數見不鮮，如《詩·七月》：「十
月獲稻，爲此春酒。」〈周頌·豐年〉：「豐年多黍多稌，……爲酒爲醴，烝畀祖
妣。」《左傳·哀公十一年》：「陳轅頗多黍多稌，……爲酒爲醴，烝畀祖妣。」
《左傳·哀公十一年》：「陳轅頗出奔鄭。道渴，其族轅進稻醴梁糗腒脩（脯）
焉。」《月令·仲冬》：「乃命大酋，秫稻必齊。」《內經》：「黃帝問爲五穀湯液
及醪醴酒，岐伯對曰，必以稻米炊之，稻薪。」故知在兩周時代，古人確以稻
釀酒，至於有學者以爲，中國古代釀酒的麴不是用稻米、而是用麥和豆所做，
〔註21〕於此確知其誤。同時不但古人確有以稻釀酒的事實，而且以稻與黍爲釀
酒的兩種最主要的原料，岡崎文夫更以爲古人尊稻米釀的酒爲上酒。〔註22〕

最後言「薦新」與「羞食」。《禮記·王制》曰：

大夫士宗廟之祭，有田則祭，無田則薦。庶人春薦韭、夏薦麥、秋
薦黍、冬薦稻。韭以卵、麥以魚、黍以豚、稻以雁。〔註23〕

鄭玄注曰：

庶人無常牲，取與新物相宜而已。〔註24〕

孔穎達疏曰：

正義曰，言相宜者，謂四時之間有此牲穀，兩物俱有，故云相宜，
非謂氣味相宜，其相宜者，若牛宜稌，羊宜黍之屬是也。〔註25〕

以上〈王制〉、鄭注、孔疏爲一組。另《大戴禮·夏小正》曰：

正月囿有見韭。〔註26〕

〔註20〕 同註15。
〔註21〕 篠田統撰、于景讓譯，〈白乾酒——高粱的東來〉，收入于譯，《栽培植物考》，
　　　　頁101。
〔註22〕 同註18，頁41。
〔註23〕 《禮記》卷十二〈王制〉，頁245，《十三經注疏》冊五（嘉慶二十年南昌府學
　　　　雕，藝文印書館影本）。
〔註24〕 同註23。
〔註25〕 同註23。
〔註26〕 同註18，頁38。

《雜記》曰：

> 囿有見韭，宗廟之事也。韭，豆實也。傳曰，宗廟之祭，春上豆實，
> 夏上尊實，秋上杌實，冬上敦實。豆實韭，尊實虋，杌實黍。敦實
> 稻。古者，天子必有苑囿在東方，以養萬物，樂蓄育者也。邊豆之
> 薦，四時之和氣，於是乎取也。〔註27〕

以上〈夏小正〉、《雜記》為一組。以上兩組的內容稍有不同，前組以為是庶
人之薦，後組以為是王者之禮，但不論如何，二組所上供品的內容都是相同
的——在春為韭，在夏為麥，在秋為黍，在冬為稻，至於其禮制之名則各為
礿（春祠）、夏禘（夏礿）、秋嘗、冬蒸，〔註28〕可見在中國古代，薦稻、麥、
黍三種新穀於宗廟的禮儀起源甚古，而作為冬蒸之禮的祭品——稻，亦可見
它在中國古代糧食供應上地位的重要性。

所謂「羞食」，據《禮記‧內則》云：「羞，糗餌粉酏（段云酏原作餈。）
〔註29〕《周禮‧邊人》云：「羞邊之實，糗餌粉餈。」〔註30〕岡崎文夫以音韻
證酏、餈〔註31〕相通，故內則與〈邊人〉所云實為一事。糗餌粉餈究為何物，
段氏注云：

> 方言，餌謂之餻，或謂之粢，或謂之鈴，或謂之餱，或謂之餛，謂
> 米餅也。周禮「糗餌粉餈」，注曰：「餌餈皆粉稻米黍米所為也，合
> 蒸曰餌，餅之曰餈。……按許說與鄭不同，謂：「以稻米蒸熟，餅之
> 如麵餅曰餈，今江蘇之餈飯也；粉稻米而餅之而蒸之，則曰餌。」
>
> 〔註32〕

不管餌、餈的製作過程如何，要之其材料都是稻或黍。此可見稻在中國古代
糧食供應上的用途非常廣泛，不但用作飯食、羞食，且可釀酒，在冬令薦新
之儀上，稻也扮演著主要角色，由此上推至殷代，殷人的飲食中當不至於完
全無稻吧。

〔註27〕同註18，頁38。
〔註28〕同註18，頁38云：「按薦新嘗新之儀，在禮記與周禮中名稱不同。王制是稱
　　　　春祠、夏禘、秋嘗、冬蒸，而周禮是稱春祠、夏礿、秋嘗、冬蒸。二說執是，
　　　　猶待今後金文研究的結果而斷定，現尚難下定論。」
〔註29〕《禮記‧內則》，頁523，《十三經注疏附校勘記》，冊五。
〔註30〕《周禮‧邊人》，頁83，《十三經注疏附校勘記》，冊三。
〔註31〕同註18，頁43。
〔註32〕同註9，頁229。

第三節　中國古代水利灌溉工程的起源

中國古代的灌溉工程究竟起源於何時，一直是個懸而未決的疑問，或以為始於史前、或以為始於殷代、或以為始於東周的紀元前六世紀前半葉，就兩周文獻看來，似以紀元前六世紀前半葉為是，近年來學者多依從此說，然而自其他方面跡象看來，似乎應該更早於其時。究竟水利灌溉工程起於何時，是一個必要解決的問題，因為這關係著中國古代中原地區農業的基本特性——是不是誠如錢穆所言屬「山耕」農業〔註33〕、如何炳棣所言屬「旱耕」農業？〔註34〕倘若果真是始於紀元前六世紀前半，則錢、何等人的立論就可成立，倘若始於殷代或更早，則錢、何等人的立論就要起相當大的動搖，所以這個問題是十分具有關鍵性的，然而我們卻不必寄望於這個問題的立刻解決，因為我們必須充份考慮到默證的存在，充其量我們只能就目前所及的證據，予以相當彈性的假定或推理，究竟如何，請詳論於後。

在史前遺址的發掘中，所能發現的類似灌溉工程的物證，有屬於仰韶文化典型遺址的「西安半坡」與屬於良渚文化遺址的「錢山漾」。在西安半坡所發現的三條溝道，其中一條是環繞著居住區周圍的大圍溝，其餘兩條是在居住中部的小溝，《西安半坡》一書的撰者推測它們的用途是：（一）大圍溝是為保護居住區和全體氏族成員的安全，而作的防衛設施之一；（二）小溝道的用途可能有兩種，一種可能是防止家畜外逃的設施，一種可能是區分不同氏族或同一氏族中不同家族或集團的界線。〔註35〕這種推測大概也都為其他學者所同意，則是西安半坡的溝道與農田灌溉無關了，然而這三條溝道卻顯示了另一件事實，即西安半坡的居民已有了建築溝渠的知識或技術，至於他們是否將此種知識與技術運用到農事上，因為物證的缺乏，我們雖不至於完全否定其可能性，但也不敢妄斷其可能性。

另在吳興錢山漾，也發現有兩條被稱作亂溝的溝道，其中一條通到漾裏，

〔註33〕錢穆所撰〈中國古代北方農作考〉之立論前提，為中國古代農業為山耕，其作物為旱作物，原載《新亞學報》第一卷第二期（1956年2月），頁1～27；收入郭正昭、陳勝崑、蔡仁堅合編，《中國科技文明論集》（臺北：牧童出版社，1978年1月），頁288～315。

〔註34〕何炳棣所撰《黃土與中國農業的起源》，其全書大旨是認為，我國遠古的農業體系是建立在三個基礎上——小河流域的黃土臺地、旱地耕作和標準中華型的農作物組合。

〔註35〕《西安半坡》，頁49～52。

因為資料寡少在此不能詳予討論，只知學者們亦不認為這兩條亂溝與農事有關，其所顯示的意義與西安半坡的溝道相同。〔註36〕

　　1973 年到 1974 年所發掘出來的浙江餘姚河姆渡遺址，是屬於紀元前四、五千年前的文化遺址，在此遺址中並未發現有任何與農事有關的溝渠，或類似溝道的建築遺存，然而學者游修齡卻根據該遺址出土的大量骨耜與稻穀遺存而作了大膽的假設：

> 河姆渡遺址時期，人們從事水稻生產，第一步是放火燒掉砍倒枯乾的樹木，再開溝引水，用水灌淹，這就需要骨耜。水稻是一種喜水濕的作物，種植這種作物，在灌水和排水的技術上有一定的要求，比如做成田埂和田塍，使得水流從高到低在各田塊間流過，而田埂和田塍的修建，也需要骨耜。所以，在第四層出現稻穀的同時，也出現了骨耜，這是符合水稻栽培情況的。〔註37〕

此豈不是說明了在距今六、七千年以前，浙江省北部地區已與世界最早行灌溉的西南亞（埃及與近東）同時發展出水利灌溉事業了，而且前者比後者似乎還要更成熟，更複雜。撰者以為，游修齡的假設純粹是建築在臆想之上的，他沒有理由根據大量的稻穀與骨耜遺留就推想出一套成熟完備的農田水利事業，也許河姆渡地區的氣候地理狀況本來就十分利於稻作，也許當時的骨耜並不是用來開溝、築田埂田塍而是用來鬆土用的，總而言之，游修齡似乎推想得太遠、太理想、太樂觀，我們雖不能完全否定當時該地行灌溉之實的可能性，但以目前所得的證據來看，游修齡的假設是很難成立的。

　　在殷代小屯遺址中，曾發現大大小小共三十一條的溝道遺存，這些溝道有的深而大，有的淺而窄，有些溝道的兩旁，還有相對的椿柱遺址，似為護堤之用，更有長方形的水櫃以供蓄水，有的溝中還有控制水流的水閘遺痕，有的溝底還舖有石子；這些溝通分佈在穴窖最稠密的地區，而且小屯遺址本身就是殷代宮殿、廟宇、住宅、倉庫、鑄銅工廠的所在地。〔註38〕石璋如分析其用途說：

> 因為殷人受水災之害過深，處處怕水，在穴居之時，若無防水設

〔註36〕同註35，頁 91。
〔註37〕游修齡，〈對河姆渡遺址第四文化層出土稻穀和骨耜的幾點看法〉，《文物》1976 年第八期（1976 年 8 月），頁 22～23。
〔註38〕石璋如，〈殷虛建築遺存〉（臺北：中研院史語所，1959 年），《中國考古報告集》之二，《小屯》第一本，《遺址的發現與發掘‧乙編》，頁 15～16、202～272。

備，則大雨時水會流入穴中，因此在穴的附近挖溝使水他洩以減少

水害。〔註39〕

如此則這複雜的溝渠網與農事無關似已明矣！

　　除了灌漑建築遺存以外，其他學者也嘗試著從其他途徑以探討殷代灌漑
的有無。于省吾搜集了若干與洹水有關的卜辭，認爲此些卜辭「都係卜問洹
水是否爲患與祭祀之占……商王常常擔心，或對洹水舉行燎祭，或占兆問卜，
幾乎不知防洪灌漑爲何事。」〔註40〕陳夢家也有與此相同的看法，謂：「當時
（殷代）防護水災的技術，一定沒有很發達；而當時是否有溝洫灌漑的設施，
亦屬疑問。」〔註41〕于、陳二氏純粹是就殷代水患的實況以逆推殷代並無防
洪灌漑之實，這種推理是相當危險的，因爲就目前臺灣的情況來看，雖設有
大規模的水利溝築工程以求防洪、儲水、灌漑，然而卻不免於時受水患和殷
望降雨，所以于、陳二氏的論證不能使人採信。

　　胡厚宣根據甲骨文中的「田」字說：「其中之十，明明象田間阡陌之形，
與今之稻田無異。田字又有下之諸形……其象阡陌之形益顯，則謂殷人尚不
知灌漑之事，可乎？」〔註42〕胡氏的論證，似嫌薄弱，頗有捕風捉影之嫌。
又陳祖棨根據甲骨文中的「畖」字說：

> 畖是甽之古字。《周禮·考工記·匠人》：「一耦之伐，廣尺深謂之畖。」
> 注：「壟中曰畖。畖，甽也。」《呂氏春秋·辨士篇》：「畝欲廣以平，
> 甽欲小以深。」畖是田疄間的水溝，用作灌漑和排水。〔註43〕

張秉權頗贊成殷代已行農田水利灌漑之說，其理由有四：（一）認可胡厚宣「田」
字之說。（二）殷代及殷代以前，已有建築溝渠的知識了，況且目前所挖掘出
來的溝渠遺址只是片斷的，難保將來不會發現眞正灌漑溝渠。（三）《論語·
泰伯篇》孔子贊美禹「盡力乎溝洫」，是禹已有溝洫之作。（四）周人以其在
農業上的成就，乃續禹之緒，可見禹在農業上有很大的貢獻。〔註44〕胡厚宣

〔註39〕同註38，頁268。

〔註40〕于省吾，〈從甲骨文看商代社會性質〉，《東北人民大學人文科學學報》第二、
　　　　三期合刊（1957年），頁103～104。此據張秉權，〈殷代的農業與氣象〉，頁
　　　　294所引。

〔註41〕同註5，頁523。

〔註42〕同註10，頁81～82。

〔註43〕陳祖棨，〈中國文獻上水稻栽培〉，《農史研究集刊》第二集（1960年2月），
　　　　頁84。

〔註44〕同註11，頁294～296。

「田」字之說，已如前述爲理由薄弱；殷代行灌溉之事乃張氏的推想，並無實證；至禹所作的溝洫，一方面禹事屬傳說，另方面溝洫是否直指農田灌溉所用，仍有疑問。所以我們可以充份考慮張氏的看法，但不能就以爲張氏的論證已充份達成了證明殷代已行灌溉的目的。

翁詠霓先生曾有專文論及中國灌溉工程的起源：

> 古代灌溉工程之經驗，乃先發生於華北平原西部之太行山麓。初因各國分立，少相往來，故傳播未廣。嗣因政治作用，偶而傳入關中，而效乃大著。復因秦人政治力量，挾以外傳，南入四川，西暨寧夏。秦漢一統之後，傳播更廣。以農立國之漢族文化，亦於是確定不拔。最後因漢人勢力侵入中亞細亞，於是灌溉經驗，亦隨之俱西。雖篇段記載不甚完全，而蛛絲馬跡，隱約可見。故昔人以爲中國文化之由來，自西而東，則吾則以爲中國水利知識之傳佈，實由東而西。〔註45〕

翁氏之論灌溉之始，乃自地域著眼，並未明言時間，觀其文意似在春秋戰國之間，唯翁氏何以言灌溉始自太行山西麓之山西省地區，此不得而知。

徐中舒論中國灌溉工程的起源，自地域言應始自江淮的吳楚，吳楚傳入齊魯，齊魯再傳鄭、韓、魏，鄭再傳入華北。〔註46〕如此則徐氏必不以爲中國灌溉之始在東周，而是比東周更早的江淮地區，徐氏舉《周禮·地官·稻人》：

> 稻人掌稼下地，以豬蓄水，以防止水，以溝蕩水，以遂均水，以列止水，以澮寫水，以涉揚其芟，作田。〔註47〕

鄭玄注云：

> 偃豬者，畜流水之陂也；防，豬旁隄也；遂，田首受水小溝也；列，田之畦埒也；澮，田尾去水大溝也；作，猶治也。開遂舍水於列中，因涉之，揚去前年所芟之草，而治田種稻。〔註48〕

徐氏以爲周禮一書雖不可信，然必本於當時種稻的經驗，若周禮作於戰國之世，則戰國時必已知如此成熟的農田水利事業，故灌溉之始必在戰國之前，〔註49〕徐氏此言，頗爲有理。徐氏又引周禮職方氏所載宜稻區域、周時

〔註45〕 翁詠霓，〈古代灌溉工程發展史之一解〉，《史語所集刊外編·蔡子民先生六十五歲記念論文集》下冊；此據徐中舒，〈古代灌溉工程起源考〉，頁 255 所引。

〔註46〕 徐中舒，〈古代灌溉工程起源考〉，《集刊》第五本（1935 年），頁 268。

〔註47〕 《周禮·地官·稻人》，頁 246，《十三經注疏》，冊三。

〔註48〕 同註47。

〔註49〕 同註46，頁 260。

銅器有用盛稻粱之語、米粒留痕於銅器簠簋之內、詩唐風豳風小雅魯頌周頌
言及稻爲證，認爲黃河流域稻的種植，必遠在有史以前，故關於水利建設，
亦不能以歷史記載爲限。〔註 50〕徐氏此言差矣！若黃河流域植稻果在有史以
前，亦不能以證該區灌溉工程如是之早，因稻作並不必與灌溉有絕對關係。

　　何炳棣認爲中國農田灌溉之始，是在紀元前六世紀的前半，他的理由是
《詩經》描寫西周至春秋中葉生活習俗範圍甚廣，獨不及灌溉之事，〔註 51〕
自是紀元前六世紀以前尚無灌溉的有力消極證據，而《左傳》中最早有關灌
溉溝洫的記載，是襄公十年（紀元前五六三年）鄭國子駟的創舉：「子駟爲田
洫，司氏、堵氏、侯氏、子帥氏皆喪田焉，故五族聚群不逞之人，因公子之
徒以作亂。」〔註 52〕何氏以爲鄭國人民所以反對子駟爲田洫，是因當時的貴
族和人民尚不知灌溉爲何物，〔註 53〕故何氏以其時爲灌溉之始，學者多人從
之。〔註 54〕筆者以爲何氏的推論有誤，因爲一項水利工程的興築，必有受害
者與受利者，不可能對每個人、每個區域都帶來利益，與今日的情況正相同，
故何氏推論犯了兩項錯誤：（一）鄭國人之反對作田洫，不一定是因不知灌溉
爲何物，或許是因爲危害了某些既得利益階級的權益。（二）並不是鄭國人民
一致反對作田洫，而是五族反對。故我們可以爲在西元前 563 年時，鄭國已
有行農田水利工程之實，卻不可以爲其時正是灌溉之始。

　　民國 67 年黃耀能先生出版的《中國古代農業水利史研究》中，對農業水
利灌溉事業的發展的看法是：「從西周末年至東周初年，應該屬於啓蒙時期，
而春秋時代則屬於開創時期，到了戰國時代方可稱爲發展時期。」〔註 55〕

　　綜合上述，筆者願對中國古代農田水利灌溉工程的起源，作以下最大彈

〔註 50〕同註 46，頁 259～261。
〔註 51〕何氏以爲研究我國灌溉的起源，在方法上最大的危險就是自《周禮》出發，
　　　　因《周禮》絕大部份與西周無關。何氏引《詩經・小雅・白華》「滮池北流，
　　　　浸彼稻田」以爲此句並未明示爲人工灌溉；又引〈大雅・泂酌〉「泂酌彼行潦，
　　　　挹彼注茲，可以餴饎，……酌彼行潦，挹彼注茲，可以濯罍，……酌彼行潦，
　　　　挹彼注茲，可以灌溉，……」，認爲與農業灌溉無關，似頗有理；何炳棣，《黃
　　　　土與中國農業的起源》，頁 119。
〔註 52〕《左傳・襄公十年》，《左傳會箋》（臺北：廣文書局，1961 年），頁 9～10。
〔註 53〕同註 34，頁 120。
〔註 54〕Te-Tzu Chang, "The Origin and Early Cultures of the Cereal Grains and Food
　　　　Legumes", p.16 "Irrigation projects began in Honan as early as 563 B. C."
〔註 55〕黃耀能，《中國古代農業水利史研究》（臺北：六國出版社，1978 年 3 月初版），
　　　　頁 52。

性的假說：

1. 《左傳》對西元前 563 年鄭國子泗作田洫的記載，應是可信靠的文獻中最早的，故農田水利灌溉之始最遲亦不應晚於西元前 563 年。
2. 灌溉之事既是由東西傳，故最早開始灌溉的地區不得西過鄭國所處的河南。
3. 殷代雖有極精密複雜的溝渠建築，但不知其是否應用於農事，倘若殷人在農事上有這種需要，相信其有極大的可能性從事於農田水利灌溉。
4. 殷代以前雖亦有溝渠遺存，但並無明顯的痕跡表明其應用於農事。

第五章　稻的始作與傳佈

第一節　稻的原生區

　　《山海經‧海內經》載曰：「西南黑水之間，有都廣之野，爰有膏菽、膏稻、膏稷，百穀自生，冬夏播琴（殖）。」〔註1〕農業史家陳祖槼先生以爲乃中國關於野生稻的最初記載。〔註2〕《海內經》這段文字是否即指野生稻，頗有疑問，因「冬夏播琴（殖）」一句似指人工撒種，撒種之後，因土壤肥美，故勿需人工照顧，百穀即可自生，然而，此種稻並非是嚴格定義下的「野生稻」，所謂野生稻，應是指完全未經人工馴化的野生植物。但這段文字卻給予我們另一項啓示，即中國西南部的自然環境，十分利於稻的生長，不假人力，亦可有大量收穫，故而該區具有作爲「稻的原生區」的優越條件。

　　現在植物學家一般都同意，稻（Oryza）至今已肯定的不同種屬共有二十三種之多，其中僅有兩種爲人類所栽植，一爲非洲種（Oryza glaberrima），僅限於非洲西部，在世界農業上的地位無足輕重，一爲亞洲種（Oryza sativa），一般稱爲栽培稻，分佈廣泛，地位重要；其他二十一種仍係野生之稻，非洲及馬達加斯加（Madagascar）有八種，自成一系統，此可以不論，印度及東南亞大陸與其群島，共有九種，中南美洲有五種，澳洲有一種。〔註3〕巧合的是，

〔註1〕　《山海經‧海內經》第十八，頁73，《四部叢刊初編》縮本（臺北：商務印書館，1965年），冊二十七。
〔註2〕　陳祖槼，〈中國文獻上的水稻栽培〉，《農史研究集刊》第二集（1960年2月），頁65。
〔註3〕　何炳棣，《黃土與中國農業的起源》（香港：中文大學，1969年），頁145。

野生稻的分佈情形與地球大陸分製移動的學說正相符合。〔註4〕

　　本節所討論的「稻的原生區」，主要是指人工栽培稻種的原生區，學者認為今日亞洲種栽培稻係自一種叫 nivara 的一年生野稻演化而來，而此一年生野稻又自一種叫 rufipogon 的多年生野稻演化而來，如圖 5-1：〔註5〕

圖 5-1

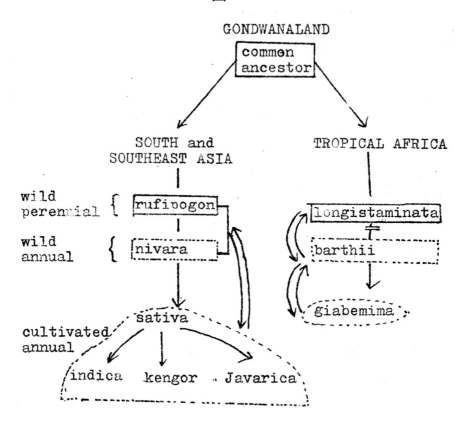

　　亞洲種栽培稻的直接祖先──一年生野生稻，分佈在一個廣大的地帶──自喜馬拉雅山麓東邊小丘下方的恒河平原開始延伸，橫越緬甸北部、泰國北部和寮國，以至北越與中國南部。〔註6〕今日野生稻發現的區域，亦大致與

〔註 4〕張德慈撰、王慶一譯〈早期稻作栽培史〉，《中華農學會報》新第九十六期（1976年 12 月），頁 3 云：此二栽培種之共同祖先來源，經由它們的野生親緣種在熱帶非洲、南亞和東南亞、澳洲北部、中美洲、南美洲以及西印度群島之泛熱帶地理分布所證實，已可十分確信。如此稻屬種之分布與上述諸洲及島原屬 Gondwanaland 超級洲，後經分裂和移動之學說正相符合。

〔註 5〕同註 4，頁 3。

〔註 6〕同註 4，頁 3。

上述的廣大範圍符合。〔註7〕海內經所言的中國西南部地區，也包括在這個範圍內。

第二節　稻的始作

　　昔日的傳播學派學者認爲，人類的文化起源於「一個」區域，再由此文化起源區（稱之爲「核心區」）以直接或間接的方式將其文化傳佈至其他各地，他們否定了人類文化的起源或許是多元的可能性。至於這個人類之始的核心區，他們認爲是安那托利亞（Anatolia）、伊朗（Iran）、和敘利亞（Syria），時間是西元前七千年之時。〔註8〕

　　今日，這種專斷的文化一元論已被強有力的事實摧毀了，學者們證明了至少美洲大陸的農業是獨立自生的，〔註9〕既然這種事實在美洲是確實存在的，那麼在舊大陸所謂核心區以外，是不是也有這種農業獨立自生的可能性呢？在這種情況下，許多學者都看好南亞洲與東南亞洲，因爲此區爲熱帶與亞熱帶氣候，植被豐物，爲許多植物的原生地帶，十分利於原始的農業，再加上此區有屬於中石器時代「貨平文化」的出現，更是增加了這種可能性。

　　貨平文化遺址的分佈範圍，至少包括中國的西南（四川、雲南、貴州、廣西、廣東西半部）、越南、寮國、高棉、緬甸、印度的亞桑、泰國、馬來西亞的馬來亞和蘇門答臘的西北岸，其領域十分廣泛，由貨平文化遺址所出土的植物遺存可證明：在八、九千年以前的東南亞，已有人工培植和採集的植物出現。〔註10〕貨平文化所顯示的意義至少有兩點：（一）在中石器時代，東南亞已有人類活動的遺跡；（二）在八、九千年前的東南亞，已有初期農業的經營，此與舊傳播學派所認爲的安那托利亞等核心區農業開始的時間幾乎相

〔註7〕1917 年美國植物學家、紐約植物園園長 E. D. Merill，在廣東羅浮山麓獲得野生稻種；1926 年丁穎在廣州其其鄰縣發現野生稻種；近年在廣東、廣西、雲南也續有野生稻種的發現。參見何炳棣，《黃土與中國農業的起源》，頁 154～155；野生稻在印度東岸 Madras 地方的沼澤中與 Decan 半島發現甚多，又中南半島也有發現。參見 Alphonse de Candolleohs 作、于景讓譯，〈稻〉，《栽培植物考》第一輯（臺北：臺大農學院，1958 年 8 月），頁 1～6。

〔註8〕K. C. Chang, "The Beginnings of Agriculture in the Far Fast", p. 5.

〔註9〕Richard S. MacNeish," The Origins of New World Civilization," *Scientific American*, Vol. 211, no. 5 (1964.11), pp. 29~37.

〔註10〕張光直，〈中國南部的史前文化〉，《集刊》第四十二本第一分（1970 年 10 月），頁 152～155。

當。而蘇爾翰（Wilhelm G. Solheim）更進一步認為，根據臺灣與泰國的新材料，應把貨平文化最初有農業之始定定在一萬年到一萬兩千年以前，張光直先生甚至認為蘇爾翰的年代估計算是保守的。〔註 11〕這樣東南亞豈不是要變成新的文化核心區了嗎？

美國地理學家斯奧爾（Carl O. Sauer），根據近年來在東南亞的考古成績與年代估測，作了更進一步的假說。他認為東南亞早期農業是整個舊大陸農業史上最早的一個階段，農業的技術，由此向北傳入華北，向西北傳入印度及地中海西岸，向西傳入阿比西尼亞（Abyssinia，即伊索匹亞 Ethiopia），這三個區域，由於根莖作物不適宜生長，導致穀類作物的發生。〔註 12〕

整理斯奧爾的論點，大致有三：

1. 東南亞早期農業，是舊大陸農業史上最早的一個階段；換言之，他認為東南亞的農業，在舊大陸是「最早」而「獨立」發生的。

2. 中國華北、印度及地中海東岸、阿比西尼亞此三區最初的農業技術是自東南亞得來的；換言之，他認為舊大陸的農業是一元地始於東南亞。

3. 上述三區由於根莖作物不適生長，導致穀類作物的發生；換言之，他認為東南亞最早的農業是種植根莖作物，傳入上述三區是種植根莖作物的技術，此種技術傳至三區以後刺激了穀作技術的發生。

斯奧爾的第一、二個論點甚具震撼力，有部份學者同意，有部份學者反對，此姑不論。他的第三個論點，因與本節「稻的始作」有極密切的關係，故筆者願在此詳細討論。

本國學者李惠林先生曾檢討東亞植物的分區，而獲得與斯奧爾非常相似的結論，所不同的是，李惠林研究的範圍只限於東亞，故其理論也適用於東亞，並不如斯奧爾及於整個舊大陸。李惠林根據緯度，把東亞人工栽培的植物分為四帶：（一）北華帶，即中國北部，包括黃河流域以至東北的南部，北至沙漠，南至秦嶺及其向東延至海的支脈；（二）南華帶，西自秦嶺東至長江流域附近以南的大部份中國國境；（三）南亞帶，自緬甸、泰國以至中南半島。〔註 13〕

〔註 11〕 同註 10，頁 158。

〔註 12〕 Carl O. Sauer, *Agricultural Origins and Dispersals*（New York, 1952）；此據張光直，〈中國南部的史前文化〉，頁 151～152。

〔註 13〕 李惠林，〈東南亞栽培植物之起源〉，香港中文大學講座教授就職演講詞；此據張光直，〈中國南部的史前文化〉，頁 147 所引。

李惠林檢討這四個地帶栽培植物的異同，而得結論曰：

北方注重禾穀類及其他種子繁殖的作物。南方注重塊莖類及其他無
性繁殖的作物。北方注重豆類及油料作物較之南方之甚。北方對蔬
菜有相當多之種類栽培，且在歷史上蔬菜之變動甚大。向南則蔬菜
栽培之起源漸爲減少，而至最南地帶則葉類蔬菜栽培起源者已近於
無。在北方有若干種特殊工業作物起源栽培如漆及桑之類，但在南
方則缺如。南方有特殊之食用作物如香蕉及甘蔗，在北方則無所比
擬。菓木在南北皆栽培極盛，但二端起源之種類則大相逕庭，北方
爲溫帶種類，如薔薇科植物爲最重要。南方則爲熱帶植物，並無在
植物學方面之集中。〔註14〕

此即是言，東亞有兩個植物栽培的起源中心，北方穀類作物，南爲根莖類作
物，至於中國華南地區則爲此南北兩個主要植物栽培起源地帶的緩衝區。

　　比較斯奧爾與李惠林二人的理論，知同者在於：二人均認爲北方爲穀類
作物的栽培起源地帶，南方爲根莖作物的栽培起源地帶；異者在於：斯奧爾
認爲南方根莖作物栽培起源在先，傳到北方，才刺激了北方穀類作物栽培的
起源，而李惠林卻未明言此點。

　　張光直先生在相當大的程度上肯定了斯、李之說，而又部份地反對斯、
李之說。他說：「華北的農業，有它自己的一段發達史，顯然不是從秦嶺以南
移植過去的。」〔註15〕但是他又不願否定這種可能性，所以他說：「華南的早
期繩紋陶文化之越秦嶺而傳入中原，並且在這種文化的基礎上有後來的中原
文化的發達，都不是沒有可能的。」〔註16〕至於穀類作物與根莖作物之間的
關係，張氏認爲：「中原的早期文化以穀類農業代表（尤其是粟和黍），而南
方的早期新石器時代文化以根莖菓樹類農業爲代爲。華南和東南亞的穀類農
業，是後起的事；南方這個區域的重要穀類作物，有的是自中原輸入的（如
粟），有的則可能是在中原穀作文化的影響下發源的（如稻和薏苡）。這中間
最要緊的作物，自然是稻米。」〔註17〕換言之，張氏認爲：（一）稻的始作區
即稻的原生區——東南亞；（二）東南亞稻作之始是受了華北穀作文化南下的
影響。

〔註14〕同註13，頁150。
〔註15〕同註10，頁159。
〔註16〕同註10，頁159。
〔註17〕同註10，頁159。

　　而農業史家何炳棣先生的意見卻與張氏不同:「稻自江淮傳入仰韶時代的核心區（即華北）本不足異。核心區因已有相當農業經驗，稻作的開始反較江淮區為早，也並不難解釋。印度最早的稻作痕跡發現於中西部 Lothal 地方，次早的稻作區在恒河上游，都不是一般認為的是稻的原生區。Lothal 在古印度河文化區域之南，在未種稻之前已有種植大小麥的經驗。仰韶村和華縣柳子鎮（尚待證實）的稻作早於江淮，也可以同樣解釋。」〔註 18〕換言之，何氏認為:中國江淮以南雖為滔的原生區，但稻的始作區卻是在中國的華北，他的理由是仰韶村稻作遺存是最早的。何氏之言雖然聽來尚有理，但實際上他的看法卻已被河姆渡遺址遠在距今六、七千年以前，尚早於仰韶村的稻作遺存打破了。除非在華北又發現早於河姆渡的稻作遺址，不然我們只好暫時把何氏的意見拋棄了。

　　當然也有學者認為稻的始作區即稻的原生區，而其知識與技術是自生的，非由外來的影響。如法國學者 Haudricourt 認為，稻米最初是種芋的地裏的一種野草，而最早的種稻者的種稻技術有不少是自種芋的技術直接借用來的，如插秧和用刀割莖的收獲方式，換句話說，東南亞最初種植根莖作物的人，似乎就是稻米的培植者。〔註 19〕

　　與 Haudricourt 極相似的，是 Wayne H. Fogg 的意見。他認為在東南亞的早期農業中，是以園藝作（horticulture）為始且為最具特色之處，Fogg 把園藝作之始定在距今二萬年前，可說是相當地早了，同時他又以為根莖作物與穀類作物的種植乃自園藝作演進而來，而東南亞的生物條件、自然環境、人口與文化體系是極可能作為穀類栽培的起源地的。〔註 20〕當然，Fogg 所指的穀類作物包括粟與稻二者，他以為粟作之始尚在稻作之始以前，因為粟的培植較稻為容易，Fogg 把年代定在距今一萬二千年至八千年以前，且在很早以前就傳入華北了，至於稻的始作與傳佈當然不會比這個年代晚很多。Fogg 的意見是相當激烈的，他不但認為稻的原生區在東南亞，稻的植種自該區的園藝作演進而來的，不是什麼外來的影響;同時他更認為粟的始作與傳播也是一樣，過去與現許多學者

〔註 18〕同註 2，頁 155。

〔註 19〕A. G. Haudricourt, "Domestication des animaux, culture des planteset civilisation d,autcui," *L, Homme,* Vol. 2（1962）, p. 41;"Naturedes clans: *L'Homme,* Vol. 4（1964）, p. 95;此據張光直,〈中國南部的史前文化〉,頁 160 所引。

〔註 20〕Wayme H. Fogg, "The Domestication of Setaria italica（L.）BEAUV: a study of the proces and origin of cereal agriculture in Chine".

都認爲粟的原生區與始作均在華北，他們對 Fogg 的意見勢必難以接受。倘若 Fogg 對粟的意見果真被證實的話，那麼以東南亞作爲野生稻的始作區應當是更沒有問題了。但無論如何，Fogg 的意見尚是一種假說。

　　稻米遺傳學家張德慈先生的看法，筆者認爲最可以被接受。他說：「亞洲稻種（O. sativa）係在一個廣大的地帶由一種一年生植物祖先進化而來。此廣大地帶是自喜馬拉雅山麓東邊小丘下方之恒河平原開始延伸，橫越緬甸北部、泰國北部和寮國，以至北越與中國南部。而馴化現象即在此地帶之內部或邊界許多處所同時並分別發生。」〔註21〕換言之，張氏認爲最初稻的馴化——即最初對野生稻予以人工栽培，是在原生區的「內部或邊界」許多「不同的處所」，「同時」並「分別」發生的。

　　討論至此，撰者再將「稻的始作」的各家說法整理於後：

1. 斯奧爾（Carl O. Sauer）：東南亞的農業是世界上最早而獨立地發生的，但此區的初期農業是根莖作物農業，根莖作物的種植技術傳至中國華北、印度及地中海東岸、阿比西尼亞三區以後，刺激了這三區穀作技術的發生。假如本章第一節所討論的「稻的原生區」已被充份肯定，那麼引申斯奧爾的理論，必然以爲稻的原生區與始作區並非在同一處，換言之，即稻的始作是在原生區以外發生的。

2. 李惠林：中國華北是穀類作物的栽培起源地帶，南方是根莖作物的栽培起源地帶。據此申論，李氏必不以爲稻作技術是南方自生的，至於稻的始作區究在何處，根據李氏的理論無法推出。

3. 張光直：採納李惠林之說，且更進一步推論，南方的稻穀作物，部份乃自中原輸入（如粟），部份則可能是在中原穀作文化的影響下發源的（如稻如薏苡）。更詳細地說，即張氏認爲南方是稻的原生區與始作區，南方之所以發展稻作，是受了北方穀作文化的影響，北方傳給南方的，是穀作的文化，而非已經人工馴化的稻。

4. 何炳棣：稻的原生區在南方，但稻的始作區卻在華北。換言之，即南方傳入北方的，是未經馴化的野稻，北方最早將此野稻馴化，予以人工栽培，再將已經馴化的栽培稻及稻作技術傳入南方。

5. Haudricourt：稻的原生區與始作區均在東南亞，且其稻作技術是自生而非外來的。

〔註21〕同註4，頁3～4。

6. Wayne H. Fogg：同於 Haudricourt。

7. 張德慈：同於 Haudricourt。

一套完整的「稻作之始」的理論，包括下列三個要素：（一）稻的原生區、（二）稻的始作區、（三）稻作技術。此三要素若屬東南亞及中國南部固有，則註明為 A_1、B_1、C_1，若為中國華北所有，則註明為 A_2、B_2、C_2。據此則將上述七家說法歸結為甲、乙、丙三類：

1. 甲：A_1＋B_1＋C_1，Haudricourt, Wayne H. Fogg、張德慈三氏屬之。

2. 乙：A_1＋B_1＋C_2，張光直屬之。

3. 丙：A_1＋B_2＋C_2，何炳棣屬之。

（斯奧爾、李惠林之說，未具全三項要素，故此不納入）

對於以上甲、乙、丙三類說法，筆者認為：

1. 由於野稻對自然環境的適應力較差，所以很難想像人類能夠將野稻帶至較遠的地區，至於已經馴化的栽培稻，比較具有向不同自然環境拓展的潛力。所以，稻的原生區與始作區必然是相距不遠的，也就是說，筆者採納 A_1＋B_1 之說、排除 A_1＋B_2 之說。

2. 距今六、七千年前的河姆渡遺址稻穀，是目前最早的稻作遺跡。經鑑定的結果，它是於人工栽培稻的秈亞種、中晚稻型的水稻。從水稻演進的過程來看，晚稻與野稻的短日性一致，〔註22〕故晚稻在稻的演化階段上來說應是較原始的。河姆渡稻穀既是屬於中晚型，故就時間言，應距野稻未遠，就地域言，距始作區亦應未遠。

3. 華北地區的稻作遺跡處於西元前 4000～3000 年之前，屈家嶺文化區的稻作遺跡處於西元前 3500～2500 年之間，青蓮崗文化區的稻作遺跡是在西元前 3500 年以前。〔註23〕與河姆渡的稻穀相較，華北地區約與河姆渡同時而稍遲，而青、屈二區均遲於河姆渡。但有一點是要注意的，即河、屈、青三區的稻穀均是本地自產的，而華北是否自產尚是疑問。

4. 據以上第二、三點來看，稻作技術的始於華北區比較缺乏堅強的證據，但穀作文化的始於華北，卻未嘗無其可能。至於始於華北的穀作文化是否確乎包括稻作文化，此實不敢論斷。

〔註22〕詳見第二章第五節。

〔註23〕詳見第二章第一、二、三節。

故本節之末結論於下：丙說（$A_1+B_2+C_2$）遭屏棄，然甲說（$A_1+B_1+C_1$）與乙說（$A_1+B_1+C_2$）同有其可能。甲說與乙說又以何者為是，在未有堅強的證據出現以前，無法論斷。然而，不論甲說與乙說何者為是，稻的原生區與始作區均是在同一處的，更進一步地說，栽培稻乃是自其原生區與始作區（東南亞與中國南部）向外傳佈的。

第三節　稻的傳佈

本節將以上節所謂稻的始作區為基礎，描繪業已馴化的稻向北傳入中國的路線與過程。張德慈先生說：「稻極可能係自尼泊爾——阿薩姆——緬甸——雲南地區經由雲南引入黃河流域，且自越南經由海路引入長江下游盆地。」〔註24〕

在進一步檢討這條傳佈路線以前，必須要了解秈稻與稉稻的區別。人工栽培稻分為三種：一為秈稻（又稱印度種），一為稉稻（又稱中國種或日本種），一為爪哇稻，爪哇稻不存於中國本部，可以不論。通常研究稻作起源與演變的人都同意，秈稻是直接從野生稻演變來的，而秈稻在從南向北（由低緯度進入高緯度）以及從低地向山區傳佈的過程中，演變成稉稻的變異型，與秈稻比較起來，稉稻更具有耐旱與耐冷的特性，可以說稉稻是為了適應較高的緯度，較高的地形，即較冷的生態環境而演變成的，以上的推斷是從目前秈、稉稻的緯度分佈及海拔高度分佈而得來的。〔註25〕

稻在經由雲南線與沿海線傳入中國的過程中，究竟在那個地區、那個緯度發生了品種上的變異呢？就雲南線而言，由於要適應雲南地區較高的地形，稻在進入該區後即已發生了變異，所以由雲南線一直傳入中國北部黃河流域的稻，都應該是稉稻。至於沿海線，似乎到了北緯三十度左右，便開始了它的變異，此已成為一般公認品種的分佈和演變，認為我國西南及江南地區是水稻品種的變異中心，此正與雲南地區及沿海北緯三十度左右符合。〔註26〕

既然由雲南線傳入中國的應是稉稻，如果我們能在這條路線上的各點找到稉稻遺存，以連成一條相續的線段，則張氏所劃的這條路線便可以得到很

〔註24〕同註4，頁4。
〔註25〕游修齡，〈對河姆渡遺址第四文化層出土稻穀和骨耜的幾點看法〉，《文物》1976年第八期（1976年8月），頁22。
〔註26〕同註25。

大程度的證明，可惜的是，我們的物證十分有限，就雲南地區而言，至今尚依海拔高度的不同，而有秈、稉稻之別，其次是屈家嶺文化區所出土的稻穀經鑑定爲稉稻，〔註 27〕至於華北地區雖無可鑑定品種的稻穀遺存，但由文獻上看來，自進入歷史時代以後，稻已是釀酒的主要原料之一，唯稉稻性黏可釀酒，〔註 28〕故華北地區所種之稻應是稉稻。故在雲南線上，唯雲南、湖北、華北三區所植爲稉稻，其餘因證據的缺乏，不能連成一條完整的線段。

再就沿海線而言，東南亞及中國南部所植爲秈稻無疑，然到了長江下游一帶便開始混雜了。河姆渡位於北緯三十度附近，其稻爲秈稻，〔註 29〕進入三十度以北約三十二度的太湖附近，其出土的稻穀有秈、稉混雜的現象，如崧澤爲秈稻，〔註 30〕錢山漾與水田畈是秈、稉皆有，這個現象說明了該處是稻的變異區。

我們再從另一個角度來檢討這條路線的可能性。在第二章討論華北地區、屈家嶺文化區、青蓮崗文化區、良渚文化區、河姆渡遺址等的稻作遺存時，曾詳細地討論了各文化區的客觀背景，發覺它們除了自己本土性文化之外，還有相當成份的外來的影響。甚至於在中原地區仰韶文化興盛以前，廣佈於東南亞與中國南部的貨平文化，也曾延伸其影響力及於中國華北地區。〔註 31〕這種現象予我們以很大的啓發，即是在史前時代，中國大陸各地區之間及與東南亞、南亞之間的文化往來已經十分密切了，所以稻的傳佈能及如此之遠亦不足爲怪。

第四節　古代華北植稻的可能性

在前一節中，描繪了稻的傳佈路線有兩條，其中之一的雲南線，最後終站是黃河流域，就當時黃河流域與江漢區文化交流的關係及仰韶穀痕而言，黃河流域確實被傳入了稻。然而，史前時代華北稻的存在雖是不容置疑，但究爲史前華北自產或爲外地輸入則尚有疑焉。

至少在東周時代，中國的華北地區確已食稻、產稻了，在此以前該區是

〔註 27〕丁穎，〈江漢平原新石器時代紅燒土中的稻穀殼考查〉，《考古學報》1959 年第四期（1959 年 12 月），頁 32～33。
〔註 28〕同註 27，頁 31。
〔註 29〕同註 25，頁 21。
〔註 30〕吳山菁，〈略論青蓮崗文化〉，《文物》1973 年第六期（1973 年 6 月），頁 57。
〔註 31〕同註 10，頁 159。

否亦食稻、產稻，因直接證據的缺乏尚難斷定。但就食稻言，既然兩周時代稻在糧食供應上具有相當的地位，〔註 32〕則由此上推至殷代，其糧食不至於完全無稻吧！新石器時代的仰韶穀痕說明了其時其地稻的存在，既然稻是種食物，則其時其地稻的存在也說明了食稻的習慣。既然如此，其時其地稻的來源又當如何？是自產？還是由外地輸入？最可質疑的是彼時華北植稻的可能性，即本節所欲討論的對象，因無直接證據，故擬從自然環境與人文環境雙方面來側推其可能性。

稻的生產條件大致有五：

1. 氣溫宜高。

2. 溫差宜小。

3. 年雨量多而降雨量宜小。

4. 日照時數宜多。

5. 開花時宜無風暴。

其中「高溫」與「多雨」是兩個最重要的條件，所謂高溫，是指稻的播種期需攝氏十三至十四度，生育期需攝氏二十二至三十度，即一年中要有四、五個月的溫度在攝氏二十度以上，所謂多雨，是指年雨量需在二千公厘左右。〔註 33〕再就土性而言，稻是一種深土耕的作物，宜於有機物較多的壤土或黏質壤土。〔註 34〕

首就氣溫言，依據第三章第五節的結論，距今一萬年至三千年間的氣溫，與今日相差並不太多，約為攝氏一至三度，一般趨勢是比今日高攝氏一至二度。今日華北的每月平均值，五、六、七、八、九等五個月是在攝氏二十度以上，足夠滿足水稻的生長需要；此五個月以外的其他月份，溫度嫌低，且溫差大，並不適合稻米的種植。〔註 35〕昔日的華北，情況亦應大同小異。

次就雨量言，昔日的華北是「乾旱」與「半乾旱」的，稀少的雨量又都集中在夏、秋兩季。〔註 36〕今日的華北雨量亦是集中在夏、秋兩季，且全年

〔註 32〕詳見第四章第二節。

〔註 33〕宋晞，〈北宋稻米的產地分佈〉，《宋史研究集》第一輯（臺北：中華叢書編輯委員會，1958 年），頁 131。

〔註 34〕馬保之等，《農業概論》（臺北：臺大農學院，1960 年 9 月），頁 189。

〔註 35〕胡煥庸，《黃河志》第一篇〈氣象〉（上海：商務印書館，1936 年），頁 161～171。

〔註 36〕參見第三章第五節。

總雨量一般都在七百公厘以下。〔註 37〕故在雨量這一方面，今日與昔日的華北都無法滿足水稻的要求。但有兩種情形例外，一是某些河谷與山坡地帶雨量較多，或某些河湖沼澤地帶，因較爲濕潤，可從事小規模的稻作；二是已行水利灌溉設施的地區，亦可容許稻作，但在兩周以前，尚不能證明水利事業的存在。〔註 38〕

再就土性言，華北地區是爲黃土所覆蓋著的，黃土的特性是無機養份多、有機養份少，耕土厚、宜於深根作物，不過黏、不過鬆、深得中庸之道。〔註 39〕在有機養份與黏質壤土方面，是爲黃土所欠缺的稻作條件，但在較厚的耕土層方面，黃土卻是利於稻作的。

總合而言，古代華北的氣溫惟在夏、秋兩季宜於稻作，春、冬兩季氣溫太低、溫差太大，是不能稻作的；雨量方面的條件似乎是不能滿足水稻的要求；至於土性，少部份利於稻作，但大部份是不利的。所以一般而言，古代華北普遍而大規模地從事稻作的可能性幾乎是無；可是，如果彼時眞有食稻的需要的話，在某些特定地區從事極少量的稻作是極有可能的，但在此必須強調：這只是一種可能性的推想，並無堅強的實證使其成爲事實，另方面我們也不能完全抹煞由江漢、江淮區輸入的可能。

〔註 37〕同註 35，頁 105～153。
〔註 38〕詳見第四章第三節。
〔註 39〕詳見第三章第一節。

第六章　結　論

　　人類文化發展史上一元或多元的問題，始終是個懸而未決的論題，就人類體質本身而言，不可能是多元的，然而就文化的起源而言，這個問題就複雜得多了。問題的關鍵是：我們究竟如何定義「文化」？我們究竟把「文化的起源」放在文化發展史上的那一個階段？如果我們把一切人為的事、物都定義做「文化」，而把「文化的起源」定在最接近於零的一點，既然人類本身的起源是一元的，那麼人類文化的起源當然毫無疑問地是一元的了。

　　然而，「文化」的定義並非是那麼簡單，我們一般所言的文化，總是意含著對大自然界的「變異」或「創造力」而言。當最初的人類集團開始分裂為二或兩個以上而分別拓展自己的新生活時，這個分裂的支系是否已經攜帶我們所謂的「文化」，這實在是很難於想像的。或者，我們已肯定這個支系確已攜帶著文化向外移動，然而在它到達一個新領域的時候，卻逐漸發展出一種性質完全不同、更為豐盛的文化成就，那我們仍能說人類文化是一元的嗎？

　　舉農業文化的起源而言，農業史家至今已肯定：美洲新大陸的農業是獨立自生的。他們的理由是：美洲農產品的組合是獨一無二的，而美洲印第安人在移入美洲以前並未攜帶著農業文化。就世界而言，美洲農業的獨立自生使得世界農業成為多元，然而就舊大陸本身而言，農業文化的起源究竟是一元或多元依然是個問題。在第五章第二節的討論中，我們已充份體驗到各家說法的紛歧。然而，不論舊大陸的農業起源是一元或多元，東南亞與中國南部之作為一個「文化核心區」的可能性，卻逐漸成為一件新的事實，它在舊大陸農業起源上所具有的地位，如果不是獨一無二的，便是與其他溫帶地區平分天下。近年來在東南亞與中國華中、華南地區的考古發現，能夠相當地

支持這個新的觀念，尤其是距今六、七千年前河姆渡稻穀的大批發現，更使得一向主張華北本位論的學者們相顧失色，在此我們雖然不認為應把由北向南的文化傳播箭頭完全倒置，但我們至少不應再把華中、華南視作徹底的「文化附庸」看待了，至於這種南北文化交流關係的詳情如何，我們只能期待著未來更多的考古發現來說明它。

然而最奇怪的是，雖然東南亞與中國南部等熱帶與亞熱帶地區，確曾有過初期農業的存在，且在舊大陸農業發展史上具有十分重要的地位，那麼為什麼我們始終不聞此區有極昌盛的文化成就、而讓華北地區專美於前呢？一直要到魏晉以後，才因北方文化的流入與中原人士的南徙而逐漸得到開發。

對於這個問題，筆者曾思之良久，最後推測如下：史前時代的東南亞與中國南部，雖具有繁盛而有豢養可能性的野生動植物，與良好的中石器文化基礎，但自進入新石器時代中期以後，卻因各種自然性與人文性因素而逐漸中衰，以至於夭亡。到底這些自然性與人文性因素是什麼，此不得而知，但確有探索的價值。

東南亞與中國南部這種文化夭亡的現象，提供給我們另一項有力的啟發，即是在農業上，當植物由其「原生區」外移至「次生區」時，因為面臨著次生區自然環境中某些不利因素的挑戰（這個挑戰雖然嚴酷，但卻必須在植物應變能力的最大彈性之內），迫使植物在形態上與生理上均發生相當的變異，以適應新的自然環境，所以次生區的植物往往比原生區的植物品種更優異、更具韌性。同樣地，「文化次生區」的文化成就也往往凌駕於「文化核心區」之上，這種例子並不少，在蘇格拉底時代及其以前，希臘在小亞細亞的殖民地文化遠在其本土之上，就是一個很好的例證。

決定某一地域農業文化的因素主要有兩種，一是自然環境，一是人為因素。時代愈早，文化程度愈低，所受自然環境的制約也就愈大；時代愈近，文化程度愈高，所受人為因素的影響也就愈大。在新石器時代，人類的生活內容絕大部份是依自然環境而定，彼時華北地區的自然環境，決定了「乾旱作物」為具有代表性的農作物，然而在某些較濕潤的特定地區，也能從事若干喜溫潤作物的種植，但是這些局限於河谷濕潤地區的少量作物，絕不能概括華北全區的農業性質，更詳細地說，雖然史前時代與殷代的華北確曾可能有少量的稻作，但卻不能改變其為乾旱作物的農業特性。

主要參考論文及書目

一、論文類

1. 丁穎，〈江漢平原新石器時代紅燒土中的稻穀殼考查〉，《考古學報》1959年第四期（1959年12月），頁31～34。

2. 丁穎，〈中國栽培稻種的起源及其演變〉，《農業學報》第八卷第三期（1968年8月），頁243～260。

3. 天野元之助，〈中國古代農業の展開——華北農業の形成過程〉，《東方學報》三十冊（1958年12月），頁67～166。

4. 江蘇省文物管理委員會，〈江蘇無錫仙蠡墩新石器時代遺址清理簡報〉，《文物參考資料》1955年第八期（1955年8月），頁48～59。

5. 牟永杭、魏正瑾，〈馬家濱文化和良渚文化〉，《文物》1978年第四期，頁67～73。

6. 吳山菁，〈略論青蓮崗文化〉，《文物》1973年第六期（1973年6月），頁45～61。

7. 竺可楨，〈中國歷史上的氣候變遷〉，《東方雜誌》第二十二卷第三期（1925年2月），頁84～99。

8. 竺可楨，〈中國歷史時代之氣候變遷〉，《國風》半月刊第二卷第四期（1933年2月），頁1～7。

9. 胡厚宣，〈氣候變遷與殷代氣候之檢討〉，《甲骨學商史論叢》二集下冊（成都：齊魯大學國學研究所，1945年初版；1973臺北：大通書局影本），頁291～419。

10. 姚寶猷，〈中國歷史上氣候變遷之另一研究——象和鱷魚產地變遷的考證〉，《史學專刊》第一卷第一期（1935年12月），頁111～151。

11. 拾錄，〈華北的黃土〉，《大陸雜誌》第四卷第十一期（1952年6月），頁

15、21。

12. 南京博物館，〈長江下游新石器文化若干問題的探析〉，《文物》1978 年第
　　四期（1978 年 4 月），頁 46～57。

13. 翁詠霓，〈古代灌溉工程發展史之一解〉，《國立中央研究院歷史語言所集
　　刊》（以下簡作《集刊外編・蔡子民先生六十五歲紀年論文集》下冊；錄
　　入郭正昭等編，《中國科技文明論集》（臺北：牧童出版社，1978 年），頁
　　404。

14. 徐中舒，〈殷人服象及象之南遷〉，《集刊》第二本第一分（1930 年 5 月），
　　頁 60～75。

15. 徐中舒，〈古代灌溉工程起源考〉，《集刊》第五本第二分（1935 年），頁
　　255～269。

16. 浙江省文物管理委員會，〈吳興錢山漾遺址第一、二次發掘報告〉，《考古
　　學報》1960 年第二期（1960 年 6 月），頁 7391。

17. 浙江省文物管理委員會，〈杭州水田畈遺址發掘報告〉，同上，頁 93～106。

18. 夏鼐，〈碳——十四測定年代和中國史前考古學〉，《考古》1977 年第四期
　　（1977 年 4 月），頁 217～232。

19. 陳祖槼，〈中國文獻上的水稻栽培〉，《農史研究集刊》第二集（1960 年 2
　　月），頁 64～93。

20. 張秉權，〈商代卜辭中的氣象紀錄之商榷〉，《學術季刊》第六卷第二期（1968
　　年 12 月），頁 74～98。

21. 張秉權，〈殷代的農業與氣象〉，《集刊》第四十二本第二分（1970 年 12
　　月），頁 267～336。

22. 張光直，〈中國新石器文化斷代〉，《集刊》第三十本上冊（1959 年 10 月），
　　頁 267～309。

23. 張光直，〈新石器時代中原文化的擴張〉，《集刊》第四十一本第二分（1969
　　年 6 月），頁 317～349。

24. 張光直，〈華北農業村落生活的確立與中原文化的黎明〉，《集刊》第四十
　　二本第一分（1970 年 10 月），頁 113～141。

25. 張光直，〈中國南部的史前文化〉，同上，頁 143～177。

26. 張光直，〈中國考古學上放射性碳素年代及其意義〉，《臺大考古人類學刊》
　　第三十七、三十八期合刊（1971 年 11 月），頁 29～43。

27. 張德慈撰、王慶一譯註，〈早期稻作栽培史〉，《中華農學報》第九十六期
　　（1976 年 12 月），頁 3～15；原名："The Rice Cultures" Phil. Trans. Roy. Soc.
　　(London), Ser. B (1976)。

28. 馮柳堂，〈中國穀物之探源〉，原載《中華農學會報》第八十七期；錄入郭
　　正昭等編，《中國科技文明論集》（臺北：牧童出版社，1978 年），頁 316

～335。

29. 斯維至，〈殷代風之神話〉，《中國文化研究彙刊》第八卷（1948 年 9 月），頁 1～10。

30. 湖北省文物管理委員會，〈湖北京山朱家嘴新石器遺址第一次發掘〉，《考古》1964 年第五期（1964 年 5 月），頁 215～219。

31. 游修齡，〈河姆渡發現原始社會重要遺址〉，《文物》1976 年第八期（1976 年 8 月），頁 6～12。

32. 游修齡，〈對河姆渡遺址第四文化層出土稻穀和骨耜的幾點看法〉，同上，頁 20～23。

33. 程瑤田，《九穀考》，《皇清經解》（臺北：復興書局，1961 年影本），卷五四九，總頁 6154～6156。

34. 蒙文通講、王樹民記，〈古代河域氣候有如今江域說〉，《禹貢》半月刊第一卷第二期（1934 年 3 月），頁 14～15。

35. 鄒豹君，〈我國文化發展地爲甚麼在黃淮平原〉，《大陸雜誌》第五卷第八期（1952 年 10 年），頁 7～10。

36. 鄒豹君，〈中國文化起源地〉，《清華學報》新第六卷第一期（1967 年 12 月），頁 22～34。

37. 董作賓，〈中國古代文化的認識〉，《大陸雜誌》第三卷第十二期。

38. 董作賓，〈殷曆譜後記〉，《集刊》第十三本（1948 年），頁 183～207。

39. 蔣續初，〈關於江蘇的原始文化遺址〉，《考古學報》1959 年第四期（1959 年 12 月），頁 35～45。

40. 錢穆，〈中國古代北方農作考〉，《新亞學報》第一卷第二期（1956 年 2 月），頁 1～27。

41. E. D. Merill, "Plants and Civilizations", *Scientific Monthly* (1960.9), pp. 130~148.

42. R. S. MacNeish, "The Origins of New World Civilization", *Scientific American*, Vol. 211, no. 5 (1964.11), pp. 29~37.

43. Wayne H. Fogg, "The Domestication of Sativa Italica（L.）BEAUV.: A Study of the Process and Origin of CerealAgriculture in China".

44. Te-Tzu Chang, "The Origin and Farly Cultures of the Cereal Grains and Food Legumes".

45. Hui-Lin Li, "The Domestication of Plants in China: Ecogeographical Considerations".

（以上 Wayne H. Fogg、Te-Tzu Chang、Hui-Lin Li 所撰的三文，乃 1978 年 6 月 26～30 日加州柏克萊大學所舉辦之「中國文化起源會議」中所提出的，三文尚未正式刊佈，此先行引用）

二、專書類

1. 于景讓譯註,《栽培植物考》第一輯（臺北：臺灣大學農學院，1958 年 8 月）。

2. 中國科學院考古研究所,《新中國的考古收穫》（北京：文物出版社，1962 年）,《考古學專刊》甲種第六號。

3. 中國科學院考古研究所,《西安半坡》（北京：文物出版社，1963 年）,《考古學專刊》丁種第十四號。

4. 中國科學院考古研究所,《京山屈家嶺》（北京：科學出版社，1965 年）, 《考古學專刊》丁種第十七號。

5. 何炳棣,《黃土與中國農業的起源》（香港：中文大學，1969 年）。

6. 李孝定編,《甲骨文字集釋》（臺北：中央研究院歷史語言研究所，1965 年）,《史語所專刊》之五十。

7. 屈萬里,《尚書釋義》（臺北：華崗出版部，1972 年增訂版）。

8. 胡煥庸,《黃河志》第一編〈氣象〉（上海：商務印書館，1936 年）。

9. 島邦男,《殷墟卜辭綜類》（東京：大安株式會社，1967 年）。

10. 黃耀能,《中國古代農業水利史研究》（臺北：六國出版社，1978 年）。

11. 董作賓,《殷曆譜》（四川：中央研究院史語所，1945 年）。

12. K. C. Chang, The Civilization of Ancient China（Harvard-Yenching Institute）.

附錄：試溯楚文化的淵源

第一章　緒　言

　　楚，羋姓，自言其先祖出自顓頊高陽，〔註1〕尊奉顓頊的裔孫祝融爲其宗神。周文王時，楚君鬻熊曾仕於周廷，〔註2〕鬻熊之後三傳至熊繹，始受周成王之封，建國於丹陽。自熊繹起算，楚總計傳位四十君，享祚八百九十三年（公元前 1115 年～公元前 223 年），於公元前 223 年亡於秦。〔註3〕

　　熊繹之前，楚族遷移與遞傳的歷史闕略不詳，雖以見聞廣博的史遷亦僅載有數語：「或在中國，或在蠻夷，弗能紀其世。」（《史記·楚世家》）近人根據古遺文獻爬羅剔抉、望文比附，而以楚族源始於「東夷」，另說來自於「西南」，又有說楚族本係「外來者」。〔註4〕然而，多數持論較穩健的學者認爲：楚王室本係中原舊族，後來逐漸南遷至江漢平原，而楚人卻是當地土著。〔註

〔註1〕　《史記·楚世家》：「楚之先祖，出自帝顓頊高陽。」又屈原〈離騷〉首句亦稱：「帝高陽之苗裔兮，朕皇考曰伯庸。」

〔註2〕　《史記·楚世家》：「周文王之時，季連之苗裔曰鬻熊，鬻熊子事文王。」楚武王熊通亦追溯其事曰：「吾先鬻熊，文王之師也。」

〔註3〕　世系及年數悉據萬國鼎編：《中國歷史紀年表》（臺北：學海出版社，民國 63 年），頁 67。漢應劭風俗通義六國：「楚之先出自帝顓頊……，自顓頊至負芻六十四世，凡千六百二十六載。」其說殊難信從，茲不采。

〔註4〕　胡厚宣持「東夷說」，見所作「楚民族源於東方考」，《潛社史學論叢》第一期；W.Eberhard 主張楚出於「巴」，見所作 Kulture und Siedlung der Randvolker China 與 Lokal Kulture in alter China；岑仲勉主張楚係外來者，見所作「楚爲東方民族辨」（《兩周文史論叢》）。以上諸說參見饒宗頤，〈荊楚文化〉，《中央研究院歷史語言研究所集刊》（以下簡作《集刊》）第四十一本第二分（民國 56 年 8 月），頁 307～308；並參見文崇一，《楚文化研究》（臺北：中研院史語所，民國 61 年），頁 2。

〔註5〕　持此說者有傅斯年，〈新獲卜辭寫本後記跋〉，《傅孟眞先生集》（臺北：臺灣大學，民國 41 年）第四冊中編下，頁 212；李宗桐，《中國古代社會史》（臺

5〕近幾年來，由於出土的大批楚遺物具有濃厚的地方特色與發展潛力，所以又有考古學家認為：楚人是江漢區的原始居民，屬三苗族的一支。〔註6〕

熊繹之後，歷史較詳。熊繹建國之初，辟在荊山，篳路藍縷，以啓山林，其勢甚蹙，而文化程度與文物燦然大備的周相較自是固陋。熊繹之後，其子孫苦心經營，國勢漸盛，屢與周為敵，西周一代曾數次南征，均不能勝楚。直到第十七傳熊通在位（公元前740年～公元前690年），乃雄才大略之主，從此楚國躍登國際舞台，其歷史轉入輝煌的新頁。熊通始開濮地，曾三次侵隨，合巴師圍鄧伐郳，又伐絞伐羅無役不勝，他躊躇滿志，僭號為「武王」，且欲觀兵於中原。武王嗣子文王更非弱者，他併滅申、鄧、息三國，奠定楚國經略中原的基礎。文王之後再四傳至莊王，更是野心勃勃，莊王觀兵周郊，問鼎之輕重，意欲取而代之。綜觀東周一代，楚吞滅近鄰四十餘小國，〔註7〕浸浸然有進窺中原之志，雖以齊晉遏阻終不得逞，然而楚國霸業，前與齊晉、後與齊秦，鼎足為三，交相爭輝，占盡了東周歷史的光榮。惜乎迨至戰國中後期，楚國因強盛既久，建國初期那種「篳路藍縷、以啓山林」的鬥志，逐漸銷磨於富庶安樂的生活，遂走向強國的末路，終為新興的虎狼之國秦所吞滅。

東西周時代的楚國，雖然武力雄厚，可與齊、晉、秦等大國爭雄，然而

北：中華文化出版事業委員會，民國43年），頁23；饒宗頤，前引文，頁274；許倬雲，「中國古代民族的溶合」，《求古篇》（臺北：聯經出版社，民國71年），頁10；蔡學海，「萬民歸宗──民族的構成與融合」，《中國文化新論‧根源篇‧永恆的巨流》（臺北：聯經出版社，民國70年），頁132～133；劉超驊，「山河歲月──疆域開拓與文化的地理環境」，《中國文化新論‧根源篇‧永恆的巨流》，頁89。

王玉哲亦屬此說，然同中有異，見所作「楚族故地及其遷移路線」稱：「從楚族傳說上的古代先公祝融八姓與陸終六子的地望，推證楚族最初當起於河南中部。大約在商的末葉始東遷江蘇北部。到周的初年，再從江蘇北部南遷於江蘇、安徽的大江流域。又經過了四五代，到熊渠時（周夷王時）才開始沿長江西上，停留於江漢之間。越國就是熊渠後裔留東方未西上的部份。」其說之可信度如何？杜正勝已有文辯論，見〈導論──中國上古史研究的一些關鍵問題〉，《中國上古史論文選集》（臺北：華世出版社，民國68年）上冊，頁45～46。

〔註6〕楊權喜，〈試談鄂西地區古代文化的發展與楚文化的形成問題〉，《中國考古學會第二次年會論文集》（北京：文物出版社、1980年），頁24～26。

〔註7〕顧棟高作春秋大事表云：「楚王春秋吞併諸國，凡四十有二。」詳見饒宗頤，前引文附錄二「楚吞滅各國及置縣略表」，頁300～301。此見於史籍所載者四十餘國，然實際被滅者當不止此數。

楚國的文化始終被中原諸國屏斥於正統文化之外，而以蠻夷視之，甚至為中原諸國所欲韒伐的對象，如《詩經》中所言：

蠢爾蠻荊，大邦為仇。……征伐玁狁，蠻荊來威。(〈小雅·采芑〉)

撻彼殷武，奮伐荊楚。采入其阻，裒荊之旅。(〈商頌·殷武〉)

戎狄是膺，荊舒是懲。(〈魯頌·閟宮〉)

正表明這種歧視與敵對的態度，即使楚人自己也毫不忌諱地自稱為「蠻夷」。〔註8〕

楚文化之固陋與有別於中原文化，或許在春秋以前確是公允之論。觀西周時代，楚人胼手胝足、創業維艱，無暇於文化的創造，與中原國家的交往也不如往後的密切，所以楚文化與中原相較確實顯得固陋與殊異。然而，進而東周則情勢劇變，楚國窮兵黷武、併國四十餘，被併滅的國家大多武力較弱而文化高於楚，是故藉著戰爭與兼併，楚國豐富且提高了自己的文化，此尤以楚滅「漢陽諸姬」（即《詩經》的周召二南）為然。促成楚文化躍升的動力，除了戰爭與兼併之外，日益頻繁的外交往、國際貿易、人才交流，亦是同等的重要。

經過東周時代三百年來的學習，楚人把他們的吸收能力與創造能力發揮盡致，終於在春秋中葉成就了一種生機蓬勃、風格獨具而又潛力深厚的文化，在戰國中葉達於鼎盛。在成熟的楚文化成形之前，楚國向中原文化學習；楚文化成形之後，它與中原文化並時而立，甚至還有回饋中原的能力。

雖然楚文化是在中原文化的刺激之下而勃然興盛的，然而楚文化絕非是中原文化的支流，它風格獨具、潛力深厚、自成體系，可與中原文化分庭抗禮。就氣質而言，楚文化與中原文化迥然有別：楚「優游閒適」而中原「嚴肅緊張」。〔註9〕不同的氣質表現於神話詩歌上自亦不同，楚文學委婉、纏綿、繽紛，中原文學（以《詩經》作代表）樸素、質直、單調。不同的氣質表現於物質文化上的成就也顯然不同，中原文化的遺物其造型與紋飾多端整而凝重，而楚文物則活潑浪漫，尤能表現出日常生活的面貌。近二十年來，在楚文化的領域裏陸續出土了大批的遺物，其數量的龐大、製作的精美、活潑浪漫的氣質與自由奔放的想像力，直令人心弦震盪、驚羨不已，於是「楚文化」

〔註8〕 楚武王曾稱「我蠻夷也」，見《史記·楚世家》。

〔註9〕 比較南北氣質的不同，張蔭麟有一段極適切的描述，見所作《中國上古史綱》（臺北：華岡，民國60年再版），頁65～66。

自然就成為學者們競相研究的對象，也成為促發藝術家們靈感的泉源了。

任何民族要成就高度成熟而偉大的文化，必須具備「滙聚百川而成巨流」的涵容能力，它能夠接受外來文化的刺激挑戰，在不被外來文化吞沒的前提之下，吸收外來文化的優點，予以轉化，使成為自己文化的內涵，經過這一層轉化的過程，本土文化與外來文化的界線泯滅無痕，逐轉摶成新的文化，那麼一種成熟而優秀的文化就此誕生了。此就其形成而言，既形成之後，這種文化還必須擁有「廣闊的空間」與「長遠的時間」，它能夠對四鄰發生相當的影響力，同時它的影響力也能夠延伸及後世。

若以這種標準來衡量楚文化，那麼楚文化確是一種成熟而偉大的文化。在楚文化成形的過程中，曾吸收了相當優秀的外來文化，同時我們也可明顯地看出楚文化中承續了千餘年的本土風格，再就「廣闊的空間」與「長遠的時間」而言，楚文化確實對四鄰賦予了相當的影響力，同時它的影響力也毫不減弱地延伸及後世。所以，我們今日若要追溯中國文化、民族性格、藝術傳統的形成要素，不該再犯下從前的錯誤——把端整、凝重、樸質的中原古代文化視作獨一的源流，我們應該給發展於南方長江流域一帶的古代文化以同等的地位。

由於這一番新的認識，楚文化遂成為近時新興而熱烈的研究領域，撰者亦擬就「楚文化的淵源」為題，試圖探討楚文化在本土江漢地區的直接源頭，以及它在形成的歷程中所吸收的外來文化。雖然業已出土的楚文物已相當豐富且精美，但是它們還不足以完全地說明楚文化的淵源，所以只能根據現有的資料試作一個初步的推論，至於圓滿的結論則要等待考古學者、歷史學者繼續不斷的努力。再者，由於一海之隔，本地的學者與有心人均未能目睹出土的實物，此誠為楚文化研究的一大缺憾，然則縱使如此，我們也不能袖手旁觀，而讓中共學者專美於前，遙望故土，緬懷先祖，斯土斯民終究是我們的根源，是故撰者不揣淺陋，勉力而為，搜輯可見及的考古報告，參以紙上文獻與諸前輩學者的精心著述，撰成此文，藉發思古之幽情，並示不忘本源之意。荊棘滿途，某些問題尚得不到解決，某些問題尚不能給予肯定的答案，凡此唯有待諸來者的努力了。

第二章　史前時代

　　昔日的傳播學派學者認為：人類文化起源於「一個」區域，再由此文化起源區（或稱為「核心區」）把文化直接或間接地傳播至其他區域。這個人類文化之始的核心區何在？他們認為是安那托利亞（Anatolia）、伊朗（Iran）和敘利亞（Syria），文化起源的時間是在公元前七千年，即距今九千年之時。

　　然而，這種專斷的文化一元論已被現在強有力的事實搖動了。首先，農業史家證明了美洲新大陸的農業確是獨立自生的；〔註1〕其次，時間相當或猶早於安那托利亞等地的「貨平文化」，也有原始農業（Incipient Agriculture）的遺存出土。

　　貨平文化是屬於中石器時代的文化，其遺址分佈的範圍很廣，包括中國的西南（四川、雲南、貴州、廣西、廣東西半部）、越南、寮國、高棉、緬甸、印度的亞桑、泰國、馬來亞、蘇門答臘的西北岸，延伸至我國江西、湖北兩省，與秦嶺以北最早的新石器時代文化也有關係。〔註2〕蘇爾翰（Wilhelm G. Solheim）把貨平文化農業之始定在距今一萬至一萬二千年前，而張光直先生甚至認為蘇爾翰的年代估測尚嫌保守。〔註3〕

　　既然在湖北地區——亦即後來楚文化的中心領域，有中石器時代貨平文化遺址的零星散佈，而貨平文化的影響力也曾延伸到秦嶺以北，那麼至少可

〔註1〕美洲新大陸的農業是獨立自生的，其理由是：美洲農產品的組合是獨一無二的，而美洲印第安人在移入美洲之時並未攜帶著農業文化。參見 Richard S. MacNeish, "The Origin of New World Civilization", Scientific American, Vol.211, no. 5 (1964.11), PP. 29~37.

〔註2〕張光直,〈中國南部的史前文化〉,《集刊》四十二本第一分（民國 59 年 10 月）, 頁 158。

〔註3〕張光直，前引文，頁 158。

以推論：約在中石器時代末期，曾有一支發軔於東南亞的貨平文化在湖北停駐，且由此過境到華北。我們可由「稻作文化的起源與傳佈」來加強以上的推論：稻的原生區與始作區分佈在一個廣大的地帶——東南亞洲，約與貨平文化的領域相當，其後稻作文化循東、西兩條路線傳入中國內陸，東路自越南經海路引入長江下游盆地，西路自尼泊爾——阿薩姆——緬甸——雲南再引入黃河流域。其中西路由中國西南傳入黃河流域的中間站，應是湖北無疑，相當於新石器時代中、晚期的大溪文化與屈家嶺文化便是以稉稻為主要作物與糧食。稻作文化與貨平文化的傳入黃河流域，所走的路線應該是同樣的一條。〔註4〕

可見即使是早在中石器時代的晚期，中國大陸各地區之間及與東南亞、南亞之間的文化往來就已經展開了，貨平文化曾停駐於後來楚文化的誕生地——湖北江漢區，但我們絕不可率下斷言謂「貨平文化是楚文化的源頭、二者有相承續的關係」，我們也絕不可能從後來的楚文化中找出遙遠的貨平文化的遺留。我們至多只能作如下的結論：貨平文化曾經駕臨於湖北江漢區，它可能把初始的農作技術或未知的其他文化帶至此地，源始於東南亞的稻作文化也可能循同一路線來到此地，至於說貨平文化或東南亞的其他文化對湖北江漢區有何影響，或與後來的楚文化之間有何承續關係，則是完全無法估測的。

至於楚文化的源頭，我們認為土生土長於湖北江漢區，相當於新石器時代晚期的「屈家嶺文化」，才是目前追溯可及的源頭。「屈家嶺文化」的發現始於公元 1954 年湖北省京山縣屈家嶺村，其後又陸續在湖北省境的天門石家河、光化觀音坪、鄖縣大寺、鄖縣青龍泉、三步二道橋等地發現了同一類型的文化遺存，河南南陽黃山、唐河砦茨崗、湖北黃岡諸城、鄂城和尚山、江陵陰湘城、宜昌李家河等地也有類似的文化遺存發現，統命名為「屈家嶺文化」。〔註5〕根據遺址的分佈而估測屈家嶺文化的中心領域，主要是在漢水中下游和長江中游交滙的江漢平原，向北延伸到河南省境漢水支流的丹江淅

〔註4〕 張德慈撰、王慶一譯，〈早期稻作栽培史〉，《中華農學會報》新第九十六期（民國65年12月），頁3～4：「亞洲稻種（O. Sativa）係在一個廣大的地帶由一種一年生植物祖先進化而來。此廣大地帶是自喜馬拉雅山麓東邊小丘下方之恆河平原開始延伸，橫越緬甸北部、泰國北部和寮國，以至北越與中國南部，而馴化現象即在此地帶之內部或邊界許多處所同時並分別發生。」並參閱本文作者撰：《中國史前時代與殷代的稻作》第二章第二節與第五章。

〔註5〕 中國科學院考古研究所，《新中國的考古收穫》（北京：文物出版社，1962年），頁28。

川、唐河與白河流域，向南波及到湘北地區，向西影響到鄂西、川東，向東分佈到鄂東平原與丘陵地帶。〔註6〕該文化的存在年代，約在公元前3300～公元前2400年之間。

從漢水中、上游（鄂北、豫西南）部份遺址看來，在屈家嶺文化的下面，疊壓有類似黃河流域仰韶文化中晚期的文化層，而在江漢地區某些屈家嶺文化地層之上，又直接疊壓有類似黃河流域龍山文化的文化層。〔註7〕在鄂西地區某些遺址中，又發現了大溪文化——屈家嶺文化——類似龍山文化（或稱為湖北龍山文化、季家湖文化）依次相疊的地層關係。〔註8〕故由文化層的上下關係可證知：在江漢區，屈家嶺文化的初期約與仰韶文化的晚期相當；在鄂西地區，大溪文化在前，屈家嶺文化居中，而湖北龍山文化緊接於後。

由此而衍生了兩個關鍵問題：

（一）如前所言，屈家嶺文化應是楚文化的源頭，有何證據可證明這種淵源關係？

（二）屈家嶺文化與同屬本土的大溪文化以及外來的仰韶文化，確實有地層相疊的關係，那麼必然就有文化接觸以至於吸收混合的情形。作為楚文化直接源頭的屈家嶺文化，究竟與其他三種文化的關係如何，是一個很重要的問題，假如屈家嶺文化是大溪文化的承續，那麼我們可把楚文化的源頭再上推至大溪文化，假如屈家嶺文化是仰韶、龍山文化南移後的新產品，完全是仰韶、龍山文化的附庸，那麼我們似可改變論點，以為黃河流域的仰韶、龍山文化才是楚文化的淵源所繫。

以下就大溪文化、屈家嶺文化、仰韶文化與龍山文化，來研討這兩個關鍵問題。

大溪文化的分佈，西起川東巫山大溪鎮，東至江漢平原的江陵毛家山至公安王家崗一線，南跨湘北，北未過荊山，而以「鄂西」為中心區域。它的時代是在距今六、七千年前（依據碳十四估測，約在公元前4500～公元前3000年），是目前在長江中游地區最早的新石器時代文化遺存。〔註9〕依據各

〔註6〕王勁，前引文，頁1。
〔註7〕王勁，前引文，頁1、4。
〔註8〕楊權喜，前引文，頁23。
〔註9〕楊權喜，前引文，頁22。

種考古報告而歸納大溪文化的特色是：

（一）用紅燒土块建築房屋，而紅燒土块中拌有稻穀殼或稻桿。

（二）葬式多採用仰身蹲式屈肢葬。

（三）陶器的質料以紅陶爲主，陶器的器形以圈足器最多，彩繪的陶紡輪常見；至於彩陶的裝飾風格，以紅地黑彩爲主，圖案多樣化。

緊接於大溪文化之後的鄂西屈家嶺文化，承繼了大溪文化的若干特徵，例如：仍以紅陶爲主、仍有在陶胎中摻入稻穀殼或蚌末的習慣；但也失去了若干大溪文化的特徵，例如：彩繪紡輪少見。比較鄂西屈家嶺文化與江漢區典型的屈家嶺文化，其間也有大同小異之處，簡言之，鄂西屈家嶺文化的文化地層較薄，文化遺物較少，雖具有屈家嶺文化的基本特徵，但還不夠發達。

分析大溪文化、鄂西屈家嶺文化與江漢區典型屈家嶺文化的特徵與異同，對於三者的關係，可能歸納出下列兩種推論：

（一）大溪文化與屈家嶺文化是分別發生於鄂西、江漢平原的兩種獨立文化，它們有各自的起源。當早期的屈家嶺文化向西延伸及鄂西地區時，與正值晚期的大溪文化相遇而混合，所以鄂西的屈家嶺文化承繼了大溪文化的若干特徵，同時也具備屈家嶺文化的基本特徵，但是還不夠發達，因爲那是晚期大溪文化與「早期」屈家嶺文化的混合產物。

（二）屈家嶺文化的源頭即是鄂西的大溪文化，大溪文化的晚期脫胎蛻變爲鄂西的屈家嶺文化，鄂西的屈家嶺文化向東發展到江漢平原，才完全成熟爲典型的屈家嶺文化，所以鄂西的屈家嶺文化一方面承繼了大溪文化的若干特徵，另一方面又具備了還不太發達的屈家嶺文化的基本特徵。假如這種推論屬實，那麼我們可把楚文化的源頭再上推至大溪文化，因此有考古學者極力主張「楚文化始自鄂西」。〔註10〕

熊繹初受周成王之封，建都於丹陽，據考證此丹陽在今荊山南麓，〔註11〕偏於鄂西，其後才逐步東進至江漢平原，似乎頗符合上述的第二種推論，然而時間相距千年之久，楚民族未必就是締造鄂西大溪文化的主人，但也未必

〔註10〕楊權喜，前引文。

〔註11〕楊權喜，前引文，頁 25～26。

不是，所以實在不能妄下斷論，只能期待著更多的遺物出土，來說明大溪文化、屈家嶺文化、楚文化三者內在的聯繫。

對於北來的仰韶文化，屈家嶺文化又承受何等的影響呢？京山屈家嶺一書的作者認為：

> （屈家嶺文化）分早晚兩期，晚期分晚期一、晚期二。……這一期（早期）的彩陶片多為厚胎，頗具有仰韶文化的彩繪風格，但質料和器形有所不同。〔註12〕

> 屈家嶺遺址的早期遺存，……同時也受到地區性發展不平衡的晚期仰韶文化的影響，因而在早期中體現了某些仰韶文化的表飾因素。到了晚期，屈家嶺遺址已豐富和發展了這一文化自己的特點，形成了這種文化面貌。因此我們認為，屈家嶺文化遺址的早晚期，既有著前後的承續關係，也有著晚期比早期更為繁榮充實的地區特色。〔註13〕

歸納言之，京山屈家嶺一書的作者認為：屈家嶺文化早期確實受到仰韶文化部份的影響，然而愈到晚期，其地區性特色愈是濃厚。

近年來考古學家更進一步地推斷：「通過屈家嶺文化的陶器特徵和發展情況，可以看出，它是起源於江漢平原而有別於其它地區新石器時代晚期文化的一種原始文化。雖然存在著不同地區的文化交流與相互影響，但屈家嶺文化作為一種獨特的文化共同體來說，它有著自己的發展序列。」〔註14〕以下將以陶器為題，分別就其質料、器形、製陶技術與藝術風格來說明以上的推斷：〔註15〕

（一）質料：早期以泥質黑陶較多，中期以後以泥質灰陶為主。

（二）器形：以圈足器與扁平高三足器為主要特徵。

（三）製陶技術：彩陶胎質陶泥經過精細的陶洗，因此燒成之後胎質細膩且有光澤，彩陶杯碗等飲食器形小巧，顯得玲瓏秀麗。

（四）藝術風格：根據不同陶器的陶色，配以顏色諧調的圖案，色彩鮮明，圖案生動活潑，表現其別具一格的彩繪藝術；另外也出土有製作精巧、形象逼真的陶塑作品，如長尾鳥、小鳥、魚、狗、羊、人頭像等，均可見其傑出的藝術創造力。

〔註12〕中國科學院考古研究所，《京山屈家嶺》（北京：科學出版社，1965年），頁72。
〔註13〕《京山屈家嶺》，頁76。
〔註14〕王勁，前引文，頁3。
〔註15〕王勁，前引文，頁1～3。

由以上四點可知：屈家嶺文化在早期曾經受到仰韶文化的影響，但這種影響是較爲薄弱的，屈家嶺文化絕非中原文化的支流，它是江漢平原當地居民努力創造的一種風格獨具、自成發展體系的文化。

　　既然屈家嶺文化風格獨具、自成發展體系，那麼它與後來的楚文化之間又有何內在的聯繫呢？此提出三點：

（一）屈家嶺文化陶器的形制，以「圈足器」與「扁平高三足器」爲主要特徵，在春秋戰國時代楚文化的陶器還依然保持著這獨特的風格，甚至還擴大運用在楚文化的青銅器和漆木器上。〔註16〕

（二）在裝飾藝術的風格上，屈家嶺與楚文化一脈相承。例如：楚文化漆木器、陶器和石磬上彩繪的褐、紅、黃、黑、粉、藍等顏色，以及圖案紋飾中的菱形格子紋、三分式圓渦文，都是淵源於屈家嶺文化。〔註17〕

（三）屈家嶺文化遺址中出土有不少的陶塑作品，如長尾鳥、小鳥、魚、羊……等，一方面極樸素地反映出現實生活的環境，另方面也展現了屈家嶺文化在藝術上的才思與精巧，而這種藝術上的才質爲楚文化所承繼且更發揚光大，成爲楚文化最璀璨奪目的特色，例如：用長尾鳥、蛙與蛇等動物形象組合而成的彩繪小漆木座屏雕刻作品，彩繪與石磬上的鳳鳥圖案，青銅器蓋上的動物形象圖案，淅川下寺出土的銅禁上鏤出的動物群形象，這些顯然是承繼著屈家嶺文化的藝術風格。〔註18〕

由以上三點可知屈家嶺文化與楚文化確是一個相連一貫的體系，尤其是這兩種文化都先後在其所處的時代裏，以豐沛的藝術創造力與獨特的藝術風格顯揚於世，而二者的藝術創造力與風格確是一脈相承的。然而，這三點證據還不夠充份，我們期待著更多的證據出現。

　　最後，要論及屈家嶺文化與龍山文化的關係。在江漢區屈家嶺文化晚期的遺址中，也出現了一些類似黃河中下游地區龍山文化的遺存，而且這種文化類型的遺址還分佈得相當廣泛。有些中原文化本位論的學者認爲，這是中原人民與文化南移的結果。〔註19〕當然我們不能否定這種可能性，因爲在新

〔註16〕王勁，前引文圖二。
〔註17〕王勁，前引文，頁8。
〔註18〕王勁，前引文，頁8～9。
〔註19〕張光直，〈新石器時代中原文化的擴張〉，《集刊》第四十一本第二分（民國58

石器時代南北雙方人口與文化的交流本來就已經很密切了，所以在屈家嶺文化的晚期，中原人士極可能攜帶著初期的龍山文化（張光直先生命名爲「龍山形成期」）南下，給予南方的屈家嶺文化若干影響。

臻於成熟的晚期屈家嶺文化是在龍山文化的影響之下而成立的嗎？二十年前，撰寫京山屈家嶺一書的作者認爲：屈家嶺文化陶器的器形，某些頗類似於河南龍山文化的陶器，但作爲屈家嶺文化最主要最普遍的幾種陶器，卻爲河南龍山文化所不見，而晚期的屈家嶺文化比早期更具有繁榮充實的地區性特色。〔註20〕近年來在江漢平原的考古收獲更是豐碩，根據更充足的材料而作的推斷是：晚期屈家嶺文化確曾受到龍山文化的影響，如陶鬶、陶盉和陶斝；但也繼承了早期屈家嶺文化的基本特徵，如陶器的形制、藝術的風格；除此尚有它新創的成份，但其中以承繼前期基本特徵爲主要。〔註21〕因此，屈家嶺文化應是早、晚期首尾一貫，自成一完整的系列，雖在晚期摻有龍山文化的成分，但無損於它完整的體系與基本的風格。

對於前面所提出的兩個關鍵問題，試作結論如下：

（一）根據陶器的器形、藝術的風格與豐饒的藝術創造力，可知屈家嶺文化與楚文化之間確實有著極緊密的聯繫，我們似可說屈家嶺文化是目前追溯可及的楚文化源頭。至於是否可再上推至大溪文化，而以楚文化源始於鄂西，必須要等待更多的物證出土，目前尚言之過早。

（二）屈家嶺文化確曾吸收了中原仰韶與龍山文化的若干成份，然而，屈家嶺文化絕非二者的文化附庸，它自成體系、一脈相傳，具有濃厚的本土特色。

年6月）。

〔註20〕《京山屈家嶺》，頁74～76。

〔註21〕王勁，前引文，頁3～5。

第三章　殷商時代

　　進入殷商時代以後，南北雙方在文化上的交流當較以前更爲密切了，而文化的輸入南方當是與政治勢力的入侵同時進行。殷商王朝與江漢區接觸的情形如何，史籍所載頗爲闕略，《詩經・商頌・殷武》有言：

> 撻彼殷武，奮發荊楚，罙入其阻，裒荊之旅，有截其所，湯孫之緒。
> 維女荊楚，居國南鄉。昔有成湯，自彼氐羌，莫敢不來享，莫敢不
> 來王，曰商是常。

根據此詩，後人認爲江漢之荊楚已是商人所欲翦伐的對象，或認爲江漢之荊楚已於殷商初葉入貢於商。〔註1〕可惜這是錯誤的推想，屈萬里先生考證其詩曰：

> 此美宋襄公之詩。……春秋於僖公元年始稱荊曰楚，可知楚之稱號，
> 其起甚晚。即此已可證知此非商代之詩或西周時之詩也。世人或謂
> 此所言伐楚，指宋襄公隨齊桓公侵蔡伐楚事。按：其事在魯僖公四
> 年隨齊伐楚者乃宋桓公，非襄公也。惟魯僖公十五年，宋襄公曾會
> 諸侯盟于牡丘之會及泓之戰而言，或竟並桓公隨齊伐楚之事言之
> 也。〔註2〕

其意以爲殷武一詩作於春秋時代，所涉及之事亦在春秋時代，則不可引此詩以爲商初史事之證。

　　古事茫昧，史籍難考，所幸近年來在長江中游一帶有不少屬於殷商文化的遺址被發現，出土的殷商遺物，是殷商時代南北交流的最好說明。這些殷

〔註1〕文崇一，前引書，頁21；王勁，前引文，頁5。
〔註2〕屈萬里，《詩經釋義》（臺北：華岡，民國60年再版），頁294。

商文化的遺址以漢水流域的溳水、環水和灄水兩岸最多（如：黃陂盤龍城、安陸曬書台和漢陽沙帽山，是我國商代江北考古的重要收獲）。湖南與江西兩省也有幾處（如湖南省的石門、寧鄉、長沙、常寧、桃源，江西省的清江吳城），唯鄂西最少，目前只在漳河以東的江陵有所發現。〔註3〕

位居江漢平原東部、灄水西岸的黃陂盤龍城遺跡，是屬於商代中期的城址，以相當具規模的城垣與宮殿組成，學者認為是商王朝在江漢平原作為一統治據點的軍鎮，〔註4〕以下就以盤龍城出土的遺物作材料，來分析殷商文化與江漢區本土文化之間的交流關係：

（一）就青銅器而言，黃陂盤龍城有相當數量的青銅器出土，這青銅器是殷商文化向南輸入的主要項目。〔註5〕當地製作青銅器的技術、形制與花紋概來自於殷商，但也有少數幾件青銅禮器具有地方性的特色。〔註6〕

（二）就陶器而言，陶質依舊沿襲著由屈家嶺文化和漢水流域相當於龍山期文化類型的特點，以砂質紅陶（即橙黃、橙紅陶）的比例較大，泥質灰陶次之，泥質黑陶和砂質黑陶很少。〔註7〕陶器的形制以「圈足器」占最大的比例，此顯然也是繼承著前期的本土風格，但同時也有少數陶器與商代中期的陶器形制有些相似，但並非完全相似。〔註8〕至於紋飾，主要也是承續著屈家嶺文化的紋飾風

〔註3〕 王勁，前引文，頁 5～6；楊權喜，前引文，頁 24；江鴻，〈盤龍城與商朝的南土〉，《文物》1976 年第二期，頁 43。

〔註4〕 《文物》1976 年第二期，頁 5～15、16～25。

〔註5〕 Noel Barnard 把四十年來發掘青銅器（時間囊括商、周、漢，自公元前 1500 年～公元後 220 年左右）的一千處遺址，劃分為四百個遺址群，再把這四百個遺址群劃分為六個時期：商、西周、春秋、戰國、西漢、東漢，各個畫在中國地圖上，很清楚地表現出青銅器在古代各時期的地理分佈。從這個地理分佈圖可以看出，最早的商代青銅器遺址只限於河南及山東，後來向南有一細支沿漢水伸入湖北，此後時代越晚，青銅遺址的分佈就越廣，結果他的結論是：同陶範直接鑄銅的技術，是自一個中心向四方逐漸散佈的，這個中心稱為「核心區」，包括豫、晉、秦三省接合處再加上山東。參見 Noel Barnard, "The Special Character of Metallurgy in Ancient China", Application of Science in Examination of Works of Art, Boston Museum of Fine Arts, 1965.

〔註6〕 湖北省博物館，〈盤龍城商代二里崗期的青銅器〉，《文物》1976 年第二期，頁 40。

〔註7〕 王勁，前引文，頁 6。

〔註8〕 陶鬲、陶甗等袋狀三足器和瓷、盆、罐等圓底器，其形制與商代中期的陶器

格。〔註9〕特別值得一提的是，起源於長江下游的幾何印紋陶與原始瓷器，在此地也有發現，可見長江中游與下游之間也早已有了交流。

據此而作出結論三點：

（一）因爲殷商時代以前的江漢區並無青銅文化的基礎，在本身全無基礎的情況下，自然很容易全盤吸收外來的文化，所以江漢區（或更擴大範圍爲長江中游地區）的青銅文化全得自殷商，其技術、形制、花紋幾乎全爲商式，只有少數幾件具有地方特色。

（二）陶器文化與青銅文化的情形不同，因爲處於殷商時代的江漢區本身並無青銅文化的傳統，所以只能全盤吸收外來的殷商青銅文化，但是江漢區陶器文化自新石器時代就已具備深厚的傳統，對於外來的陶器文化具有相當的抗力，因此處於殷商時代的江漢區其陶器文化大體上仍在承繼本土的傳統，僅有少數幾件陶器的形制類似於商式。

（三）在黃陂盤龍城出土有起源於江南的幾何印紋陶與原始瓷器，約占出土陶器總數的 3%，雖然比江西清江吳城商代中期遺址的 26% 爲少，但多於河南鄭州商代中期遺址的 0.005%。〔註10〕此表明了在殷商時代長江中、下游之間的往來要比南北之間的往來密切，但也可能中原本身的文化基礎較爲深厚，所以對外來文化的抗力較強，而長江流域一帶的文化基礎不如中原深厚，故較易於吸收混同外來文化。

根據前面（一）、（二）項結論，可知在殷商時代殷商文化確實已延伸到長江中游一帶，甚至在殷商晚期還遠達及長城以北和湖南省的南部。〔註11〕文化勢力的延伸必然與政治勢力的延伸同時進行，雖然南北之間征伐與入貢的史料還極爲有限，同時有限的史料仍有許多問題還得不到學者們一致的答案，但是由黃陂盤龍城頗具規模的城垣和宮殿遺跡，可推知這是一個具有「政

形制有些相似，但仍有地域性的差別，如二者陶鬲和陶甗的口沿和腹部有所不同。參見王勁，前引文，頁 6。

〔註 9〕 王勁，前引文，頁 7。

〔註10〕 王勁，前引文，頁 6。

〔註11〕 張光直，〈殷商文明起源研究上的一個關鍵問題〉，原載《沈剛伯先生八秩榮慶論文集》，輯入《中國史學論文選集》第三輯（臺北：幼獅），頁 168。

治」與「文化」雙重意義的據點，那麼至少在江漢平原的東半部，殷商對當地的政治與文化必然具有相當的控制力與影響力。

關於政治勢力的侵入，因非本文所欲討論的範圍，可置而弗論，此欲討論者爲殷商文化對當地的影響，此種影響力可分爲兩種：

（一）殷商文化與江漢平原本土文化接觸的「當時」，前者對後者的影響。這種影響力顯而易見，前面言及殷商時代江漢區所承受的殷商文化，即是屬於這一種。由於江漢平原的本土文化對外來文化具有涵容、吸納的能力，所以在本土文化中所沒有的成份（如青銅文化），它可能全部承受自殷商，而本來就具有基礎的成份（如陶器文化），它可能是有限度的吸收，而仍以本土的特性爲主。

（二）前面（一）所言的影響力顯而易見，但可能只存於一時就隨著時間而消逝，另有第二種影響力，它不但具有「廣闊的空間」，同時也有「長遠的時間」，它深刻而持久，綿亙百年、千年而依然見其影響。具體而言，既然已如所知殷商文化對江漢區本土文化確有相當的影響力，那麼這種影響力是否一直持續下去，成爲後來「楚文化」中的重要成份？換句話說，殷商文化與楚文化之間有無內在的聯繫？

對於楚文化中遠承自殷商的成份，歷來的學者均給予相當的比重，然而究竟那些成份遠承自殷？則見仁見智，議論不一，觀其議論，有些純屬捕風捉影之談，有些則立論鑿鑿，頗令人信服，可惜缺乏充份的證據，以下將逐一說明前人的意見並予以檢討：

一、王位繼承法

傅斯年先生在「新獲卜辭寫本後記跋」長文中，認爲楚王位繼承的方式近於殷商，其言曰：

> 楚之諸公諸王，兄終弟及時甚多，特每由爭殺得之。左傳文元年，「楚國之舉恆在少者。」蓋其宗法並非傳長。此亦近於殷遠於周者。
> 〔註12〕

其說之確否，待逐一檢查熊繹以後傳位的方式即可知。

〔註12〕傅斯年，〈新獲卜辭寫本後記跋〉，頁208。

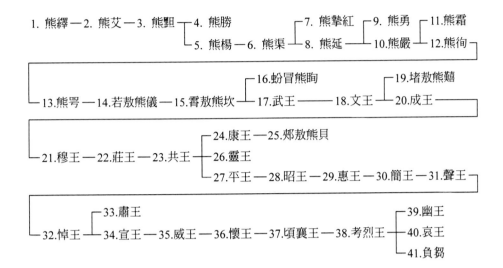

根據上表（據史記楚世家表列），熊繹之後共傳四十君，其中以子繼父者計二十九君，以弟繼兄者計十一君。以子繼父的二十九君，除少數史籍言其為「長子」外，其餘多數並未明言其是否為長子。以弟繼兄的十一君中，有六君（12.熊徇、17.武王、20.成王、26.靈王、27.平王、41.負芻）確是以「爭殺篡弒」而得君位，有一君（34.宣王）因前王（33.肅王）無子而得君位，餘四君（5.熊楊、8.熊延、10.熊嚴、40.哀王）史籍並未說明彼等何以得立，或雖言而不詳。〔註13〕

　　綜合以上的統計，作結論如下：熊繹之後四十君中，以子繼父者高達 72％，以弟繼兄者僅 28％。以弟繼兄者多因「前王無子」或「爭殺篡弒」等不得已的理由，故知「以弟繼兄」並非王位傳承的定制常法。所以楚國王位繼承的方式應是「父子相傳」較近於實情，至於是否傳給諸子之中的長子則未有一定。

〔註13〕　《史記・楚世家》：「熊繹生熊艾，熊艾生熊䵣，熊䵣生熊勝，熊勝以弟熊楊為後。」
　　　　　《史記・楚世家》：「熊勇十年卒，弟熊嚴為後。」
　　　　　《史記・楚世家》：「十年，幽王卒，同母猶代立，是為哀王。」
　　　　　熊延之得立有二說，一出《史記・楚世家》：「摯紅卒，其弟弒而代立。」一出《春秋左氏傳》僖公二十六年：「夔子曰，我先王熊摯有疾，而自竄于夔，子孫有功，王命有夔。」未知二者孰是。

文崇一先生提出楚國王位繼承的方式有兩個原則：〔註14〕一是「立子不立弟」，此與本文的結論同；二是「立少子」。無嫡庶之分確是實情，然而「立少子」是否為一原則，撰者以為仍有待於商榷。左傳文公元年曰：「楚國之舉，恆在少者。」若望文生義，則所言正是「少子恆得立」，但再觀史記楚世家有言曰：「羋姓有亂，必季實立，楚之常也。」楚國遇有王位紛爭之時，最後結局概由少子得立，考諸楚史凡六見：熊延、熊徇、武王、成王、平王、負芻（靈王亦由爭殺得立，但靈王非少子），然此特言其「亂」，非言其「常」，「立少子」絕非是楚王繼承的常制。總結言之，楚王位繼承法雖無定制，但大多是傳給年齡較長的兒子，有時也因在位者的喜好而傳給其餘諸子。

觀殷商王位繼承的方式，本是以「兄終弟及」為原則，迨無弟可傳時，再傳幼弟之子，或還立長兄之子，此法的好處是國有長君，然易釀成爭殺，所以到了殷商晚期則改為父子相傳。由此看來殷商王朝並未確立嚴格的傳位制度，傳位制度的確立是在周朝，周朝建立了完備的宗法制度而以「嫡長子」為繼承原則。所以，就王位繼承法而言，看不出楚與殷商之間有什麼因襲的跡象。

二、官　名

傅斯年先生認為楚官名頗近於殷商，其言曰：「阿衡稱伊尹，楚之執政者亦曰令尹（按伊尹應為湯之血屬，不然，宗祀何以有伊尹，屢見殷虛卜辭。楚之令尹亦概由王之親屬為之）。」〔註15〕伊尹為湯之血屬，或無疑義，楚之令尹概為楚王的親屬，此文崇一先生亦已證知。〔註16〕是否即可以此為楚沿襲自殷者？撰者以為並非必然。

饒宗頤先生另有異說，其言曰：

> 楚國官制命名的特色，除莫敖為楚的語言外，最多是用「尹」為名。……考西周官名稱尹的，有諸尹、庶尹、百尹等，左襄十四年傳謂楚能官人，引詩「置彼周行」為說。其他大宰、少宰同于周官；大師、少師見於微子。可見楚的官制，是來自周制，而有所更張的。〔註17〕

〔註14〕文崇一，前引書，頁46、90～94。
〔註15〕傅斯年，前引文，頁214。
〔註16〕文崇一，前引書，頁48～49。
〔註17〕饒宗頤，〈荊楚文化〉，《集刊》第四十一本第二分（民國56年8月），頁283。

據饒說楚制、殷制、周制皆有以「尹」爲官名者，除尹之外，楚尚有「宰」同於周官。

撰者試立二說以說明以上的類同：

（一）楚因襲殷，周滅殷之後亦有因襲自殷者，既然二者因襲的對象同爲殷，則二者當然就有類同之處。

（二）周因襲自殷的成份，後來又轉介於楚，所以楚官制存有殷的遺痕。

一爲直接的因襲（直接自商人處學得），一爲間接的因襲（以周爲轉介者），亦有可能二者皆成立，即似殷的成份某些爲直接的因襲，某些是自周人處學得，觀殷商時期殷商政治及文化勢力已延伸及江漢平原東半部的事實，撰者以爲二者同時成立當較爲合理。

三、萬　舞

《詩經·商頌·那》：「庸鼓有斁，萬舞有奕。」又《詩經·邶風·簡兮》：「簡兮簡兮，方將萬舞。」邶爲殷遺之國，〔註 18〕故傅斯年先生舉以上二詩參合左傳莊公二十八年之文：「楚令尹子文欲蠱文夫人，爲館於其側，而振萬焉。」而認爲：「萬舞所布之地，在商在楚，他無所聞。」〔註 19〕

然則撰者對此說尙有疑焉，除商楚之外，萬舞之名亦見於他處，如：

壬午猶繹，萬入去籥。（春秋宣公八年）

將禘於（魯）襄公，萬者二人，其眾萬於季氏。（左傳昭公二十五年）

是不獨殷、楚有萬舞，周亦有萬舞。且萬舞非舞之私名，乃文武二舞之總名，近代學者如屈萬里先生等均無他議，〔註 20〕故傅先生所說「在商在楚，他無所聞」實爲不確，然而我們也不能抹殺這種舞儀源始於殷商而廣爲傳佈的可能。

四、楚人多用殷故實

戰國末期的屈原，是經由楚文化所孕育而成的楚國貴族文學家，故可作爲楚文化的代表人物。屈原所作的長篇史詩〈離騷〉，其中多有稱引殷人殷事者，如彭咸、飛廉、有娀、伊摯、傅說、武丁：

〔註 18〕詳見屈萬里，前引書，頁 17～18。
〔註 19〕傅斯年，前引文，頁 214。
〔註 20〕屈萬里，前引書，頁 28。

前望舒使先驅兮，後飛廉使奔屬。(〈離騷〉)

望瑤台之偃蹇兮，見有娀之佚女。(〈離騷〉)

巫咸將夕降兮，懷椒糈而要之。(〈離騷〉)

說操築於傅巖兮，武丁用而不疑。(〈離騷〉)

尤可注意者，乃屈原心目中理想的典型是傳爲殷賢大夫的「彭咸」，〈離騷〉中曾兩度提及，一爲「雖不周於今之人兮，願依彭咸之遺則」，一爲〈離騷〉之結語「吾將從彭咸之所居」，究竟彭咸之遺則爲何？王逸注曰：「彭咸，殷賢大夫，諫其君而不聽，自投水而死。」洪興祖補曰：「彭咸，殷之介士，不得其志，投江而死。」〔註 21〕其忠君愛國與沈江而死的行徑，正與楚國屈原如出一轍，是故可見屈原對殷掌故之熟悉與受感動之深刻。

其次再論及楚原的另一偉作「天問」，天問中有相當的篇幅涉及殷人殷事，然所敘之事有不見於兩周文獻所傳，或有異於兩周文獻者。臺靜農先生釋其疑曰：

> 楚辭天問中神話及史事與今之故籍，多有不同，或有源於經傳而間有歧異者，或有異於經傳而與諸子書合者，或有源於山海經而間有演變者，或有異於先秦傳述而合於秦漢人說者，蓋楚人所接受之歷史文化，未必悉合於兩周文獻。〔註22〕

周吞滅了曾爲其宗主的殷，爲了要使其行爲合理化，對於殷事必要予以刪改或特意湮滅，故而兩周文獻所傳未必悉合於史實。楚人所知殷事甚詳，而楚人所敘殷事其中有不見於或有異於兩者文獻者，此表明楚人聞知殷事的來路當不止於一，或由他處輾轉聞知，或自商人處直接得知，或爲殷商時代楚人親身的見聞。

五、宗教民俗

楚人是一個信巫、好鬼、淫祀的民族，鬼神對人的控制力無所不在，故事事均要借助於巫以疏通人、神、鬼。王逸九歌序可見其民風之一斑：「昔楚國南郢之邑、沅湘之間，其俗信鬼而好祠，其祠必作歌樂鼓舞以樂諸神。」〔註 23〕直到漢世，其風依然，故漢書地理志說：「楚信巫鬼，重淫祀。」《淮

〔註21〕洪興祖，《楚辭補註》(臺北：藝文印書館，民國 57 年三版)，頁 29。

〔註22〕臺靜農，《楚辭天問新箋》(臺北：藝文印書館，民國 61 年)，頁 1。

〔註23〕《楚辭補註》，頁 98。

南子・人間訓》也說：「荊人鬼，越人機。」〔註24〕商人也是「尚鬼好卜」的民族，與夏、周之務實大異其趣，故漢人說夏尚忠、殷尚鬼、周尚文，此也正是楚、商二民族在氣質上之相近者。

六、其　他

　　饒宗頤先生又舉「孔雀」與「肥蠍」，以為殷楚交流之輔證；〔註25〕殷墟曾出土有孔雀脚骨，孔雀為南方所產，孔雀即翡翠，楚辭中言及翡翠者所在多有，故饒先生以為殷墟之孔雀來自於楚，撰者以為此理並非必然，南方出產孔雀非楚一地而已，而殷商與南方交往者亦非楚一地，故殷墟孔雀之來源未必唯一。又侯家莊一○○一號大墓木室頂面，有一首二身交尾的蛇形器遺跡，長沙繪書四月之神是一首二身交尾四翼的蛇，〔註26〕饒氏以為繪書四月神像是商湯時肥蠍形狀的演變，撰者以為此亦非理之必然，蓋蛇的崇拜在亞洲各地本是極普遍的現象，交尾蛇像也不獨殷墟才有，而在南方與西部似乎要更為普遍，〔註27〕各源始與傳佈的歷史至今不詳，故若言交尾蛇像是由某地傳至某地則為時尚早。

　　綜合本章所言，撰者確認殷商時代殷商的政治與文化實力已延伸到長江中游一帶，甚至遠達湖南省南部，給予當地相當的影響，同時這種影響力必然也應持續下去，成為後來楚文化的成份之一。本文提出六項證據，其中「王位繼承法」、「萬舞」、「孔雀」、「肥蠍」四項可作為證據的力量尚嫌不足；至於「宗教民俗」一項可證知楚殷二民族在宗教上的氣質類同，然此亦可能是處於同一文化發展階段的民族所共有的現象，故亦非有力的證據；「官名」一項可作為證據之一，除此之外，楚人多用殷故實且有不見於或有異於兩周文獻者，或亦可證明楚人與商人之間有直接的往來。

〔註24〕《淮南子》（臺北：世界書局），頁306。《列子・說符》亦作是說。

〔註25〕饒宗頤，前引文，頁292。

〔註26〕關於繪書月神，詳見林巳奈夫，"The Twelve Gods of the Chan-kuo Period Silk Manuscript Excavated at ch'ang-sha", Early Chinese Art and Its Possible Influence in the Pacific Basin (New York, Columbia University, 1967), P. 123~186.

〔註27〕楚戈，〈中國造型美術的起源〉，《故宮文物月刊》第五期（民國72年8月），頁19～38。

第四章　西周與東周

　　周人與江漢區最早的接觸，或可追溯至「吳太伯讓國」一事。此事俱見於論語、左傳，[註1] 而以史記所載最詳，《史記・周本紀》曰：

> 古公有長子曰太伯，次曰虞仲，太姜生少子季歷，季歷娶太任，皆
> 賢婦人，生昌，有聖瑞，古公曰，我世當有興者，其在昌乎，長子
> 太伯、虞仲，知古公欲立季歷以傳昌，乃二人亡如荊蠻，文身斷髮，
> 以讓季歷。[註2]

其事既廣見於史籍，可知此事在古代流傳極廣，定非空穴來風，雖然古史學者對太伯遠戍的真正動機意見不同，[註3] 但是對於太伯遠戍吳越一事則是均無二致的。

　　以近世考古發現與古籍所載兩相印證，愈增其事的可能性。在渭水流域張家坡西周遺址出土的帶釉硬陶（原始瓷器）與南方有關係，甚至有人主張是由東南輸入的，可見渭水流域與東南早就有了交通關係。[註4] 同時，在長江

[註1]　《論語・泰伯篇》：「泰伯其可謂至德也已矣，三以天下讓，民無得而稱焉。」
　　　　《論語・微子篇》：「虞仲夷逸，隱居放言，身中清，廢中權。」
　　　　《左傳・僖公五年》：「太伯虞仲，大王之昭也，大伯不從，是以不嗣。」
　　　　《左傳・哀公七年》：「太伯端委以治周禮，仲庸嗣之，斷髮文身，裸以為飾。」
　　　　《左傳・閔公元年》：「大子不得立矣。……為吳大伯，不亦可乎，猶有令名。」
[註2]　並見於《史記・吳太伯世家》。
[註3]　對於太伯遠戍的動機，徐中舒提出兩種可能：第一，太伯仲庸率領周人遠征之師經營南土，於是遠戍不歸；第二，太伯仲庸也許不見容於周轉而接受殷商卵翼以立國於吳。徐中舒力主前說，而傅斯年主後說。見徐中舒，「殷周之際史蹟之檢討」，《集刊》第七本第二分（民國25年），頁137～164。
[註4]　許倬雲，〈周人的興起及周文化的基礎〉，《集刊》第三十八本（民國57年1月），頁444。

流域「湖熟文化」的遺物中，有形制與花紋類同於殷商的陶器與銅器。〔註5〕
在江蘇的丹徒與宜城也出土了成群的銅器，其形制不同於殷而具有西周早期
的特徵，而丹徒烟墩山出土的銅器更有西周的銘文，凡此種種均說明了長江
下游與西周早期的文化關係。〔註6〕

　　既是如此，那麼兩地文化交流的媒介又是什麼？張光直先生認爲：由考
古紀錄看來，這些西周式的銅器是當地繩紋陶遍佈地區的幾個孤立的文化島
嶼，所以很可能是少數西周殖民者在統治著當地的土著。他更提出「太伯、
虞仲亡奔荊蠻」的故事來解釋這個現象。〔註7〕

　　以太伯、虞仲亡奔荊蠻的故事來比附以上所述的考古現象，在時間上頗
爲吻合。同時，再舉《史記・吳太伯世家》所載：「太伯之犇荊蠻，自號句吳，
荊蠻義之，從而歸之千餘家，立爲吳太伯。」也與張光直先生所言「少數西
周殖民者在統治著當地的土著」頗爲相合。在時間與現象上均合，唯一的疑
點是「亡如荊蠻，文身斷髮」一句，究竟太伯、虞仲所奔是湖北荊蠻還是長
江下游？爲解釋「荊蠻」一詞，史記正義及索隱的作者均認爲古之荊蠻涵義
甚廣，東南沿海亦包括在內。〔註8〕而許倬雲先生別有見解，曰：「荊蠻之說，
殆指太伯南來過程中的第一步。斷髮文身是吳越水居風俗與荊楚無關。然則
太伯南徙，或者先到江漢，再到吳會？」〔註9〕若詳參前引吳太伯世家文意，
當以索隱、正義之言合於史遷本意，即「亡如荊蠻」中之「荊蠻」一詞應涵
括長江下游東南沿海一帶。

　　然而許倬雲先生所言太伯南下過程的第一站是江漢繼而再到吳會，亦可
成立。由周人的根據地渭水流域遠赴長江下游，其間路途迢遠，太伯所採取
的路線爲何？若由歧山東出，先至黃河平原再轉而南下，似不太可能，因爲

〔註5〕曾昭燏、尹煥章，〈試論湖熟文化〉，《考古學報》1954年四期，頁54。

〔註6〕曾昭燏、尹煥章，前引文，頁54。

〔註7〕Kwang-chih Chang, The Archaeology of Ancient china (New Haven and London, Yale University, 1977), P. 419~420.

〔註8〕《史記・周本紀》張守節正義云：「太伯奔吳，所居城在蘇州北五十里常州無
錫縣界梅里村，其城及冢見存，而云亡荊蠻者，楚滅越，其地屬楚，秦滅楚，
其地屬秦，秦諱楚改曰荊，故通號吳越之地爲荊，及北人書史，加云蠻，勢
之然也。」
　　《史記・吳太伯世家》司馬貞索隱云：「荊者楚之舊號，以州而言之曰荊，蠻
者閩也，南夷之名，蠻亦稱越，此言自號句吳，吳名起於太伯，明以前未有
吳號，地在楚越之界，故曰荊蠻。」

〔註9〕許倬雲，前引文，頁452。

這條路線必要穿越強大的殷商勢力範圍；以地理環境與當時政治情勢來考慮，最可能的路線是取道漢水直達荊楚，再由荊楚東行至長江下游。那麼何以不索性立足於江漢平原呢？原因並不明確，撰者推想：也許是因為江漢區已有稍具實力的部族，外來者立足不易；也許該區已為殷商勢力所籠罩，無法與之爭衡；也許因為這些具有冒險犯難精神的殖民者意在遠行，不以江漢為滿足，故而直趨長江下游。總而言之，在西周王朝建立之前及西周初期，極可能有一些周的殖民者曾取道江漢遠赴長江下游，因為僅是路過，所以對當地的影響可能很微小，但可算是所知最早的一次非正式的接觸。

周、楚關係的正式展開，應始自周成王封楚君熊繹以子男之田時，史記楚世家記曰：「熊繹當周成王之時，舉文武勤勞之後嗣，而封熊繹於楚蠻，封以子男之田，姓羋氏，居丹陽。」在陝西歧山鳳雛村的西周遺址出土的一批西周初年的甲骨文中，有「楚子來告」等記事，〔註10〕說明此時的楚已是西周在南方的諸侯國。然而此時的楚勢力尚小，侷促在荊山一隅，所以當周成王盟諸侯於歧陽之時，熊繹的職守是「置茆絕、設望表，與鮮卑守燎」，〔註11〕尚無參與盟會的資格。其文化程度也很固陋，方其忙於創業之時，何有閒暇從事於文化活動，左傳昭公十二年記楚右尹子革言：「昔我先王熊繹，辟在荊山，篳路藍縷以處草莽，跋涉山林以事天子，唯是桃弧棘矢以共禦王事。」可見西周初年楚文化的樸野與物質的粗陋。

周成王之後二傳至昭王，《史記・周本紀》載昭王事曰：「昭王之時，王道微缺，昭王南巡狩不返，卒於江上。」此未明言昭王為何南巡？為何卒於江上？至春秋時代齊桓公伐楚，其藉口有二，一責楚不向周王進貢包茅，二即追究當年昭王南征不復的往事。對於「不貢包茅」之罪，楚慨然認錯，然則對昭王之死，楚自認無辜。〔註12〕這是西周歷史的一大疑案，關於昭王南征的動機，撰者以為應該與楚大有關係，一則因為管仲責楚之言不可能全係捏造，二則因為《古本竹書紀年》亦記其事曰：

> 昭王十六年，伐楚荊，涉漢，遇大兕。十九年，天大曀，雉兔皆震，喪六師于漢。昭王末年，夜清五色，光貫紫微，其年南巡不返。〔註13〕

〔註10〕王劭，前引文，頁7。

〔註11〕杜正勝，〈導論──中國上古史研究的一些關鍵問題〉，頁46。

〔註12〕見《史記・齊太公世家》及《左傳》僖公四年。

〔註13〕王國維，《古本竹書紀年輯校》（臺北：藝文印書館），頁13。

可見昭王南征的對象確是楚，且南征的次數不止一次。昭王出師不利，死於漢水，究為何人所害？或是意外，或是內叛，或是楚人，或是與楚人無關的當地土著。總之，昭王之死楚人未必是直接的兇手，但間接地總與楚人有關。由此案可知：在昭王之時，楚已非辟在荊山的窮蹙小國了，它的勢力極可能已接近漢水，予宗周以相當的威脅，故非得勞動昭王數次親征。

　　至周夷王時，王室衰微，楚更乘勢大拓疆土，史記楚世家曰：「熊渠甚得江漢間民和，乃興兵伐庸、楊粵，至於鄂。」鄂約當今湖北武昌，估算其勢力範圍，大概包括今湖北省中西部，至東不過漢水，漢水以東是周的封建國，即東周初葉楚所併滅的「漢陽諸姬」。楚君熊渠大拓疆土之餘，甚且傲慢地說：「我蠻夷也，不與中國之號諡。」（楚世家）遂僭封其三子為王，直到周厲王時因厲王暴虐才自去王號。

　　綜觀西周一代，楚初建都於丹陽，〔註 14〕侷促於鄂西一帶，至昭王時急速發展，勢力已接近於漢水，給予周相當的威脅，故周天子非得親征而無所收獲，昭王甚至死於漢水。至夷王時，楚的勢力已籠罩湖北中西部，此大概是西周時代楚的極盛，至於更進一步的發展，則要等到東周初葉。楚在政治、武力上的進展如此，而文化上的進展又如何呢？楚在文化上的進展應不及武力，此一方面因為忙於拓展領域，無暇於文化活動；另方面因為楚所開闢的新領域並非具有成熟文化的地區，故而在文化上的進展緩於軍事、政治，不及同時之西周文化那麼精美成熟，即舉一事為例：西周時代的楚器「楚公家鐘」與同時之「虢季子白盤」相比較，傅斯年先生以為有天淵之別，〔註 15〕此或言之過甚，然而前者粗獷，後者精美，格調大有不同。

　　既然西周時代楚文化遠比中原文化粗陋，而楚身為周的諸侯國（雖然叛服無常，但名義上仍是周的附庸），是否曾大量引進成熟的周文化呢？撰者以為：西周時代，楚所吸收的周文化實為有限。至西元 1980 年為止，在湖北省境所發現的西周文化遺址總計有二十四處，其中十五處分佈在漢水流域及其支流滶水、環水與灄水沿岸，〔註 16〕若再細分西周為前後期，則前期集中在大別山西南的灄水流域和滶水下游，後期集中在桐柏山與大別山之間的隨棗走廊一帶，〔註 17〕歸納言之，西周文化有由東向西、北方向發展的趨勢，大

〔註 14〕丹陽在今荊山南麓，參見楊權喜，前引文，頁 25～26。
〔註 15〕傅斯年，前引文，頁 216。
〔註 16〕王勁，前引文，頁 7。
〔註 17〕楊權喜，前引文，頁 23。

概都集中在漢水之東，漢水之西的西周文化遺址少見，故西周文化對漢水以西的影響不大。前已言及，西周時代楚在極盛時領域包括湖北中西部，並未超過漢水以東，漢水以東是西周的封建勢力，即謂「漢陽諸姬」的領域，所以考古所見漢水以東的西周文化遺存，並非西周楚人所有，而漢水以西西周文化遺存少見，也正表明西周楚人所吸收的西周文化實為有限。

促成楚文化壯大成熟的主要因素，是東周初葉楚武、文、成三王「盡併漢陽諸姬」此一歷史事件。前已提及在西周時代周曾數度南征，南征的結果是在西周中葉以後開拓了一片殖民地，封建了一些姬姓的小國家，即《詩經》中周、召二南地區，直屬於王室者稱「周南」，分封於諸侯而統於召伯虎者稱「召南」。《詩經》中周南之詩，有「漢廣」、「汝墳」兩篇，又「關雎」篇有「在河（黃河）之洲」之語，故證知周南方域北抵黃河、南及汝漢，即今河南省黃河以南偏西之地。〔註 18〕又「召南」地區是周宣王之世召穆公虎（或稱伯）所開闢之新土，天子封建諸國而統於召虎，召南之詩十四篇，言地望者有江有汜，故知召南乃周南以南至於長江的地域。〔註 19〕綜合而之，二南的範圍南不逾江，北不逾河，約當今河南中部至湖北中部一帶。〔註 20〕

由於二南地近王室，故其禮樂文物頗為殷盛，傅斯年先生以為二南文化的來源有三：宗周、諸夏以及自己的創作，〔註 21〕但想來應以其源出的宗周文化為主要。至宗周政變，亡於犬戎，平王東遷於洛，經此劇變禮樂文物泰半喪失，碩果僅存著唯「魯」與「二南」。然而，隨著宗周的覆滅，二南的氣數也即將終結，從周莊王末年開始，楚蠶食鯨吞，結果「漢陽諸姬、楚實盡之」（左傳語）。楚不但併吞了二南的領土，更獲得了宗周所遺的文物制度，經過百餘年的咀嚼消化，終於合成光華璀璨的「楚文化」，故欲論及楚文化的形成，則東周初葉楚滅漢陽諸姬、吸納南國文化一事，是其關鍵所在。

除此，楚尚經由其他途徑以輸入周文化，如西周中葉周敬王之時，王室有景王寵子王子朝之亂，王子朝事敗，遂奉周典籍南奔於楚，此事俱見於《史記·周本紀》與《左傳》（昭公二十六年傳）。近人許同莘作「周典籍入楚說」考論其事之影響，其言曰：

　　周景王二十五年，有王子朝之亂。其後五年，敬王起師于滑，子朝

〔註 18〕屈萬里，前引書，頁 2。
〔註 19〕屈萬里，前引書，頁 9。
〔註 20〕傅斯年，「周頌說」，《傅孟真先生集》第二冊中編上〈詩經講義稿〉，頁 37。
〔註 21〕傅斯年，前引文，頁 37。

> 及召氏之族、毛氏得、尹氏固、南宮囂奉周之典籍奔楚，此古今一
> 大公案。……楚之先篳路藍縷，僻陋在夷，殆無書可讀。迨中葉以
> 後，與中夏通問往還，而亡國之君臣，避難之士族，卒以此爲栖遲
> 之地。其盡室偕行，必有挾重器故書而至者，故觀射父、左史倚相、
> 令尹子革之徒，皆能誦述古訓，博物多聞。及子朝載周之典籍，契
> 其名族來奔，則宗周數百年之文獻，萃于是矣。〔註22〕

此事約當楚平王之時，距楚併諸姬已有百餘年，周文化應早已被楚鎔鑄無痕，
而爲世所稱的楚文化應業已成形，故此事可視爲楚文化成形後另一次周文化
的輸入。

　　以上是東周時代可見諸史籍的兩次文化輸入，其他不見於史籍者當更
多，凡此對楚文化的內涵及風格所造成的影響必然深厚，由春秋戰國時代楚
人的言談舉止，處處可見周文化的影響。從《國語》之楚語部份及屈原作品
觀之，楚人尤其是貴族階級涵濡周教甚深，《左傳》記左史倚相能讀「三墳五
典、八索九丘之書」（昭公十二年傳），又令尹子革對楚靈王誦逸詩「祈昭」（昭
公十二年傳），《國語·楚語》記申叔時對楚莊王論九教，史公對楚靈王引尙
書說命，伍舉引詩靈臺對答，靈王在申之會上問禮於左師及子產，觀射父引
《周書》重黎絕地天通。近年在河南信陽出土了兩批楚人的竹簡，其上有「三
代」、「先王」、「周公」、「君子」等用語，〔註23〕凡此均可見楚貴族涵濡周教
之深厚。

　　至於戰國末年楚國的貴族文學家屈原，其廣博涉獵更是不在話下，尤其
屈原當戰國末世百家爭鳴之後，其所受思想之衝擊當更偉烈，可說是儒道兩
家鎔鑄之典型。由屈原作品可見其對中原故實的了暢，尤其宗周部份佔極大
的比例，在思想方面也承受周的影響，如《左傳·僖公五年》引周書之言曰：
「皇天無親，惟德是輔。」屈原〈離騷〉亦有「皇天無私阿兮、覽民德焉錯
輔」之語，二者如出一轍。

　　除此，另有若干蛛絲馬跡可見及周文化的影響。《國語·晉語》曰：「（重
耳）如楚，成王以周禮享之，九獻，庭實旅百。」知楚亦行周禮。楚官名多
以「尹」爲名，西周官名亦有諸尹、庶尹、百尹等，其他大宰、少宰同於周

〔註22〕 許同莘，〈周典籍入楚說〉，《東北叢刊》十八期（1931年）。轉引自饒宗頤，
　　　　前引文，頁292。
〔註23〕 夏鼐等，《新中國的考古收獲》（北京：文物出版社，1962年），頁71。

官，知楚官制亦有承自周者。〔註24〕

　　總括言之：西周時代，楚原本侷促於鄂西的荊山，後來大拓疆土，極盛時擁有湖北中西部，雖然在領域上大有進展，但在文化上則比西周固陋，此一方面是因爲楚忙於創業，無暇從事於文化活動；二方面楚所開闢的新領域是屬於江漢本土文化，三方面因爲較高水準的周文化輸楚的極爲有限，今日已發掘的湖北地區西周文化遺址，多集中於漢水以東，此乃西周殖民地，即後來所建周、召二南姬姓小國的領域，並非楚的直轄地，故西周時代楚處西周文化籠罩範圍之外。

　　楚的大量輸入宗周文化是在東周時代，尤其是東周初葉楚滅漢陽諸姬之時，因爲此些姬姓小國在宗周覆滅之後，保存宗周文物獨多，所以楚在滅國之餘，同時也大量引進了宗周文物，西周時代楚尚自稱「蠻夷」，自此以後楚士大夫多能稱引詩書，侃侃而談，所以這不但是楚政治上的一件大事，更是楚文化形成其內涵與風格的關鍵。當然，楚輸入周文化的途徑，尚不止於此，見於載籍的尚有王子朝奉周典籍奔楚一事。戰爭、奔逃之外，國際之間外交、商業往來等和平方式亦有助於文化的交流。

〔註24〕饒宗頤，前引文，頁283。

第五章　結　論

　　內蘊深厚、風格獨具的楚文化，乃成形於春秋中葉，而鼎盛於戰國中期，它不但在古代與中原文化並峙而立，而且其影響力遠及於後世，至於今對現代的藝術、文學、思想等各方面深具啟發的作用。如前所言，任何民族若要成就高度成熟而偉大的文化，必要具備匯聚百川而成巨流的涵容能力，楚文化的成形正是流貫千里、匯聚百川的結果。在楚文化成形的歷程中到底吸納了那些江河湖泊？亦即是言楚文化的淵源究竟為何？此正是撰者所欲研討的主題，經由前三章的研討，撰者把楚文化的淵源歸納為「本土」與「外來」兩大成份，而作其結論如下：

　　所謂楚文化的本土成份，是指在楚文化的中心領域──江漢平原一帶土生土長而後來成為楚文化的重要成份者，這個本土成份自然與當地的「風土民情」（即自然環境人文因素）有密切的關係，而楚文化之所以風格獨具、氣質非凡也正因為此。新石器時代江漢平原的本土文化與楚文化前後相承續者有二：時間在前而偏於鄂西的「大溪文化」（它是長江中游目前所發現最早的新石器時代文化），與時間在後而範圍廣闊以江漢平原為中心領域的「屈家嶺文化」。

　　尋繹大溪文化、屈家嶺文化與楚文化三者之間內在的聯繫，至少可獲得兩點重要的發現：

　　（一）器形：大溪文化陶器的器形以「圈足器」為主，屈家嶺文化以「圈足器」及「扁平高三足器」為主，至春秋、戰國時代楚文化陶器的形制還依然保持這獨特的風格，甚至還擴大運用在青銅器及漆木器上。

（二）藝術傳統：大溪文化在藝術上的表現是較爲活潑而多樣的，至屈家嶺文化在活潑而多樣化的風格上更是超出於大溪文化，至於藝術表現的題材，屈家嶺文化所涉及的層面非常廣泛，尤其引人注目的是，它的題材多能反映現實生活的環境，這個藝術傳統爲後來的楚文化所承繼無失，成爲楚文化最具特色的成份。

江漢平原氣候溫和、物產豐裕，其風土如此，遂養成當地居民樂觀閒適的氣質，春秋戰國時代的楚人多是樂觀的現世主義者，即肇因於如此的風土，故言風土民情與楚文化的本土成份有密切的關係，此種精神氣質反映在藝術上，即是活潑生動，喜以現實生活爲題材，故而自新石器時代的大溪文化、屈家嶺文化至春秋戰國時代的楚文化，有如此相沿一貫的藝術傳統，這個藝術傳統是楚文化中極重要的本土成份。

若把楚文化的本土成份視作主流，那麼這條主流的源頭何在？因爲大溪文化被確認是新石器時代長江中游目前所知最早的本土文化，同時大溪文化中的某些特色（如以圈足器爲多與藝術風格）亦出現於其後的屈家嶺文化與楚文化之中，所以有一些學者遂主張楚文化的源頭是大溪文化。然而另有一些較爲審愼的學者主張把楚文化的源頭放在屈家嶺文化，因爲大溪文化與楚文化的內在聯繫遠不及屈家嶺文化與楚文化之間那麼堅強且明顯。撰者贊成較爲審愼的主張，把楚文化的源頭置於屈家嶺文化，但是也不否定以大溪文化作爲更早源頭的可能性，因爲楚國創業於鄂西，其後才逐步東展至江漢平原，而大溪文化的領域亦正是在於鄂西，楚人的祖先有可能是締造大溪文化的土著，除了這種地理上的相合之外，將來若能有更豐富的文物出土，來證明大溪文化與楚文化之間內在的聯繫，那麼就可把楚文化的源頭再上推至大溪文化了。

若把楚文化的本土成份視作主流，那麼其外來的成份就是支流了，而支流之中最主要的是來自於黃河流域的中原文化，如新石器時代的仰韶文化、龍山文化，與歷史時代的殷商文化與兩周文化，若楚文化徒具本土成份而無中原文化的激盪，則楚文化就不能形成，因此若說楚文化是長江流域與黃河流域兩區文化混合的產物並不爲過。

早期的屈家嶺文化曾受到黃河流域仰韶文化的影響，但這種影響較爲薄弱，無損於屈家嶺文化的本土性。晚期的屈家嶺文化受到黃河流域的影響，但亦無損於屈家嶺文化的本土性，甚至於晚期屈家嶺文化比早期更具有繁榮

充實的本土性。此是新石器時代江漢平原的外來文化，我們給予較輕的比重。

　　至殷商時代，殷商的政治與文化勢力確已延伸到長江中游，由湖北黃陂盤龍城的商代中期遺址看來，殷商已能控制江漢平原的東部，給予當地較爲深刻的影響，但對江漢平原西部的影響則輕微得多，因爲在江漢平原西部出土的殷商式文物很少，此中原因可能是江漢平原西部的楚部族尚能對殷商政治及文化作有效的抗拒。觀諸春秋戰國時代楚文化中殷商文化的孑遺並不明顯，學者假借爲證據的「王位繼承法」、「萬舞」、「孔雀」、「肥蟂」等，理由薄弱不足爲鐵證；至於殷商與楚皆信且淫汜鬼神，此宗教氣質的類同或許是處於同一文化發展階段所共有的現象，故亦不足爲堅強的證據；較爲有力的證據是楚人所知殷商的故實，並不完全同於周，或許是直接來自於殷商。因此，對於楚文化中來自於殷商的成份，我們給予高於仰韶、龍山而低於兩周的比重。

　　西周的情況與殷商大致相仿。由於原本伺促於鄂西的楚勢力逐漸向東推移，予西周以相當的威脅，故西周一代曾數度南征以尅制楚人東展，周人南征雖不能勝，但終於還是在漢水以東封建了一些姬姓小國，以作爲王室南面的屏藩。漢水以西大約湖北的中西部，是楚人的勢力，西周文化的影響並未及此，今日漢水以西所出土的西周文物尚少可作爲證明。

　　至於西周覆滅，文物喪失泰半，碩果僅存者唯二處：一在「魯」，一在前所言「漢陽諸姬」（亦《詩經》之〈周召二南〉）。東周初葉，楚人勢力越過漢水而東，漢陽諸姬盡爲其所吞併，而諸姬所存的宗周文化亦同時爲其所納，斯爲楚文化形成歷程中可大書的事件，從此楚人濡染周文，楚文化遂逐漸成形。

　　東周時代乃中國史上一大亂世，戰爭與兼併不絕於書，即楚國一國就併滅四十餘小國，此誠有助於文化的混同。文化混合的動力，除了戰爭與兼併之外，政變與奔逃亦有助於此，政治上的失敗者往往攜同大批家族與文物以奔逃他國，如東周中葉周敬王時王子朝奉周典籍以入楚，此亦是周文化輸入楚國之一途。然則尚有不止於此者，東周時代國際關係日趨緊張密切，頻繁的外交往來、國際貿易與民間人才的交流，〔註1〕均有助於文化的混合，此也是楚文化能夠提升的原因。除了周文化，楚人也輸入他國文化，例如左傳成公二年云：

────────────

〔註1〕如論語所稱：「亞飯干適楚，播鼗武入於漢。」皆中原樂師南下至楚者。

> 楚人伐齊，侵及魯之陽橋，魯人賂以執斲、執鍼、織紝各百人以請
> 盟，楚人許平。

魯國向以工藝精善稱於世，藉著戰爭的勝利，楚人引入了魯國的工藝技術。以上乃見諸史籍者，至於史所未載者當亦不在少數。

對於楚文化中來自於周的成份，我們給予極高的比重。然此尚要申明一事，楚人濡染周文深厚，概指楚貴族而言，如左史倚相、令尹子革、申叔時、史老、倚相、屈原等皆飽讀詩書、熟諳掌故之徒。楚國平民大眾則不然，彼等大體上仍是沿襲著新石器時代以來的傳統，信巫鬼而好淫祀，尚未沾及周人文主義的精神，是故由屈原作品中可見及楚文化兩種不同的層次，智識階級多重理性，而平民大眾尚沈迷於原始的宗教迷信。

然而，孕育楚文化的搖籃尚不止於長江與黃河兩大流域，其範圍更可廣推至中國的西南、長江下游東南沿岸，甚至還可包括整個汎太平洋地區。它可能與巴蜀、〔註2〕大理、〔註3〕嶺南百越，〔註4〕均有文化往來，故在楚文化之中也包含著三者的成份。至於殷商時代輸入的江南幾何印紋陶與原始瓷器，更是與江南往來的明證（參見第三章）。近年來國際學人尤注意及楚藝術與太平洋地區原始藝術的類同之處，歸納出六項類同的藝術主題，如吐舌（Long Tongue）、齊像（Simultaneous Image）、祭壇神像（Alter Ego）、動物頭飾（Monster-mask Headgear）、腰罩（Rump Mask）以及 Sisiutl Motif，〔註5〕舉「吐舌像」而言，《山海經》中亦有言及，其來源可能很古，分佈亦很廣泛，臺灣、紐西蘭、北美西北海岸、中美墨西哥都有發現，〔註6〕雖然我們尚不知其具體的象徵意義如何，但其確實是汎太平洋地區一個共同的藝術主題，則楚文化亦可納於汎太平洋地區整體文化之內，〔註7〕此豈非更拓廣了楚文化的

〔註2〕 參見饒宗頤，前引文，頁294～295。
〔註3〕 參見饒宗頤，前引文，頁295。
〔註4〕 蔣廷瑜，〈楚國的南界和楚文化對嶺南的影響〉，《中國考古學會第二次年會論文集》，頁67～73。
　　　 徐恒彬，「試論楚文化對廣東歷史發展的作用」，《中國考古學會第二次年會論文集》，頁74～79。
〔註5〕 參見饒宗頤，前引文，頁295～296。
　　　 Early Chinese Art and the Pacific Basin, A Photographic Exhibition (New York, Intercultural Arts Press, 1968), P. 1.
〔註6〕 凌純聲，〈台東吐舌人像及太平洋的類緣〉，《中央研究院民族學研究所集刊》第二期（臺北：中研院，民國45年），頁145。
〔註7〕 Kwang-chih Chang, "Major Aspects of Ch'u Archaeology", Early Chi-nese Art and

淵源。

尋找楚文化的淵源應不僅限於長江與黃河流域兩區，應該把整個太平洋區或至少東南亞視作一個文化整體，凌純聲先生劃定「東南亞古文化」的區域，認爲應該包括「北起長江流域，中經中南半島，南至南洋群島，踰江至淮河秦嶺以南，達印度阿薩姆」。〔註8〕此區域在中石器時代的貨平文化就已有了初始農業的跡象，故可視作一個「文化的核心區」，它與另一個文化核心區——中原很早就展開了交往，稻作文化由南而北傳至秦嶺以北便是一良證，古人作長途旅行與傳佈文化的能力往往遠超出現代人的想像。在這兩個文化核心區南來北往的交通線上，漢水與長江中游必是其中間站，〔註9〕作爲一文化轉運的中間站，易於受到各種文化的激盪，從而搏成一成熟的新文化，世界各地優秀的古文明如埃及、近東、希臘、希伯來等的成形亦莫不由此，故而地理位置的優越有助於楚文化的形成。所以孕育楚文化的搖籃區不僅在黃河流域、長江流域，更可籠括整個東南亞古文明區。

經由四方文化孕育而成的楚文化，在極盛時期也能向四方廣爲散佈。在南方，楚文化已越過嶺南，進入中南半島，至今在中南半島尙發現不少戰國時代楚國的青銅器，〔註10〕此正是楚文化傳播至此所留下的遺跡，同時楚文化對此區的影響不但存於當世，且綿亙及後世，如西漢初年許多嶺南的大墓仍沿襲著楚風。〔註11〕在西北方面，新疆西北、蘇聯之 Minussinsk 曾發現有楚帛，〔註12〕此雖不能言楚文化可能對該地有什麼影響，但至少可知楚貨通商貿易遠達及此。

尤值得一提的是，楚人本以中原姬周文化爲師，但在楚文化成熟了以後，新興者後來居上，它還能相當地回饋中原文化。例如近年來在漢東地區發現了不少曾國的銅器，銅器製作的時間是從西周晚期直至戰國早期，這些銅器

Its Possible Influence in the Pacific Basin (New York, Columbia University, 1967), P. 33.
〔註8〕凌純聲，〈東南亞古文化研究發凡〉，《中研院民族學研究專刊》四期（民國39年）。
〔註9〕張光直，〈中國南部的史前文化〉，《集刊》第四十二本第一分（民國59年），頁442。
〔註10〕蔣廷瑜，前引文，頁72。
〔註11〕蔣廷瑜，前引文，頁72。
〔註12〕曾堉，〈素俑——兼論中國雕塑傳統〉，《故宮文物》第六期（民國72年9月），頁20。

的特徵有明顯的變化。曾國即隨國，在漢陽諸姬中以它的勢力最大，由它所鑄作的銅禮器看來，已僭越了所謂的天子之禮，到了敢與天子抗衡的地步，《國語・鄭語》記曰：「申、繒（曾）、西戎方強，王室方騷。」楚國經營漢東則隨國自然就成為必要拔除的對象，楚武王時代曾三次伐隨，後來經過長期的征戰，隨終於成為楚的附庸，不但在政治上如此，在文化上也是如此，從西周晚期至春秋早期，隨國的銅器尚完全是周人的作風，但到了戰國早期就相當地楚化了。〔註13〕此說明了漢東地區從西周至春秋早期，是屬於姬周文化的範圍，至春秋戰國之交，此區成為楚文化的範圍。

再舉一事為例：前已提及，春秋時代楚國工藝不及他國，故曾乘戰爭的勝利，自素以工藝稱善的魯國輸入了三百名技匠，然而到了戰國時代，楚國工藝的精美進步，反成為他國驚羨仿效的對象，楚辭「招魂」一篇描述宮室之美，極盡富麗堂皇，地下出土的實物可證明此絕非誇言。某次魯襄公往訪楚國，欣羨於楚宮的華美，回國之後仿造了一座楚宮，後竟薨於此宮。〔註14〕可見楚國工藝確是精美，本來楚以魯國為師，而此時魯國反以楚為師。事實上何止建築一項如此，舉凡鐵冶工業、紡織工業等楚國莫不超凡特出。〔註15〕

楚位居四方文化的十字路口，能夠吸納四方文化的優點，摶入本土文化的傳統之中，造就出內蘊深厚、風格獨具的新文化，同時在成形之後也能廣向四方傳佈，不但在當世影響深刻，同時其影響力也延伸及後世。公元前223年，楚國滅亡，然楚文化的精神不死，後世的漢文化可以說是楚文化的延續，〔註16〕因此就「空間的廣闊」與「時間的長遠」而言，楚文化確是高度成熟且偉大的文化，它是形成中國文化、民族性格、藝術傳統的有力要素，直至今日，我們仍仰承它深遠的啓發。

〔註13〕楊權喜，前引文，頁27。

〔註14〕見《左傳》襄公三一年。

〔註15〕參見文崇一，前引書，頁23～42。黃展岳，〈關於中國開始冶鐵和使用鐵器的問題〉，《文物》1976年八期，頁62～70。

〔註16〕如勞貞一所言：「在長沙發現的帛畫以及長沙的漆器，都充份表現出和漢畫中的一致性，帛畫的筆法一直可以下接後來的女史箴畫像，而長沙的漆畫更表現著和樂浪的漆畫有密切的類似點。」作為楚文化主要特色的藝術傳統，完全為漢文化所接收。參見勞幹，〈漢畫〉，《故宮季刊》第二卷第一期（民國56年7月），頁1。

附　圖

附圖一　大溪文化第一、二、三、四期陶器器形

分期 器形	第　一　期	第　二　期	第　三　期	第　四　期
碗	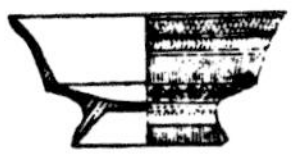 安鄉湯家崗  澧縣丁家崗		 江陵毛家山	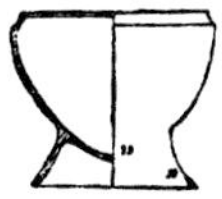 松滋桂花樹 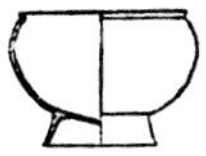 安鄉划城崗
盆	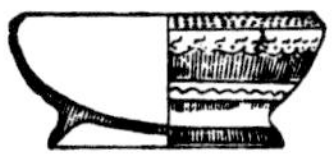 安鄉湯家崗	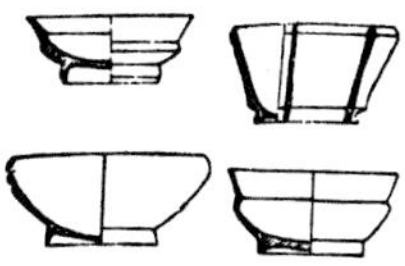 澧縣丁家崗	 安鄉湯家崗 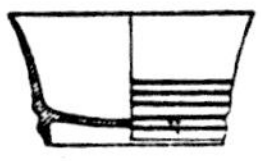 澧縣丁家崗	
釜	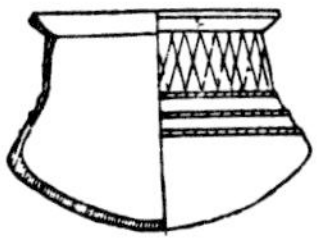 澧縣丁家崗	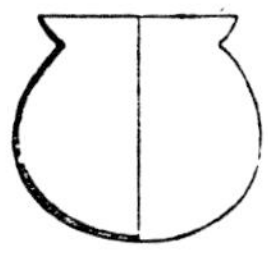 麓溪三元宮		
罐	 安鄉湯家崗			 巫山大溪

鉢	澧縣丁家崗			
瓶			松滋桂花樹 江陵毛家山	安鄉刣城崗
杯			澧縣丁家崗 江陵毛家山	松滋桂花樹
豆			安鄉湯家崗	
鼎			江陵毛家山	安鄉刣城崗
器蓋			麓溪三元宮 枝江關廟山	安鄉刣城崗
器座			麓溪三元宮	松滋桂花樹

資料來源：何介鈞，〈試論大溪文化〉，《中國考古學會第二次年會論文集》，1980 年。

附圖二　江漢地區屈家嶺文化至戰國早期主要器物發展序列

		鼎	甗	鬲	壺
屈家嶺文化	早期	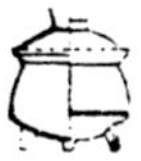 京山屈家嶺			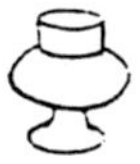 京山屈家嶺
	中期	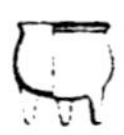 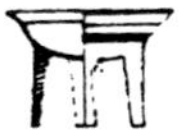 京山屈家嶺	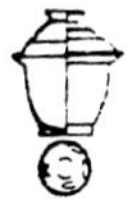 京山屈家嶺		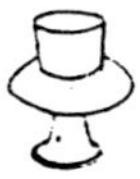 京山屈家嶺
	晚期	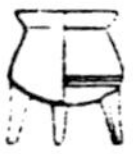 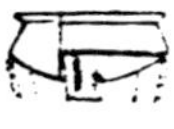 天門石家河			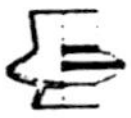 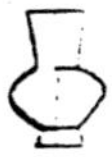 天門石家河
龍山文化	早期	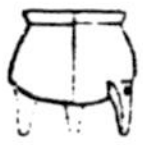 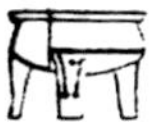 青龍泉三期	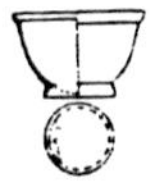 房縣七里河		
	中期	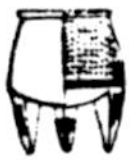 房縣七里河			
	晚期	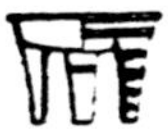 房縣七里河	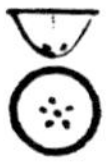 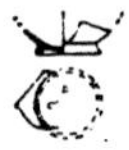 房縣七里河		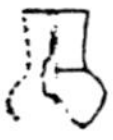 房縣七里河
商		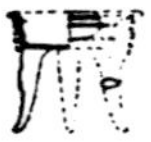 黃陂盤龍城		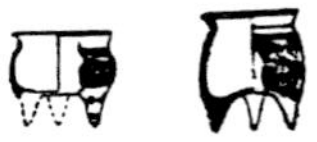 黃陂盤龍城	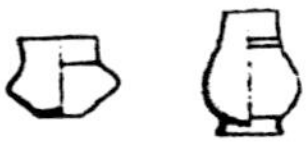 黃陂盤龍城
西周				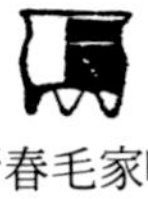 圻春毛家嘴	
西周末至春秋		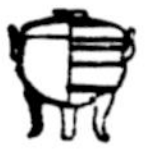 江陵紀南城		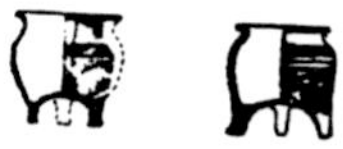 江陵張家山 江陵東岳廟	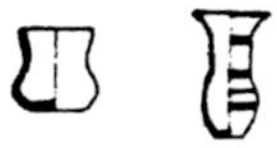 江陵紀南城
戰國		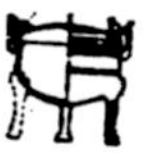 江陵紀南城		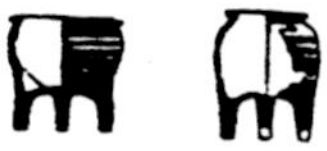 江陵紀南城	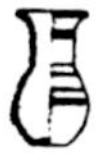 江陵紀南城

		豆	杯	罐	器蓋
屈家嶺文化	早期				京山屈家嶺
	中期	青龍泉二期	京山屈家嶺	青龍泉二期	京山屈家嶺
	晚期	天門石家河	天門石家河		
龍山文化	早期	鄖縣青龍泉		天門石家河	房縣七里河
	中期	房縣七里河			
	晚期	房縣七里河	房縣七里河	房縣七里河	房縣七里河
商		黃陂盤龍城	黃陂盤龍城		
西　周				漢川烏龜山	黃陂慶元城
西周末至春秋		江陵東岳廟			
戰　國		江陵雨台山			

資料來源：王勁，〈楚文化初探〉。

附圖三　湖北黃陂盤龍城商代宮殿之復原圖（上）與解剖圖（下）

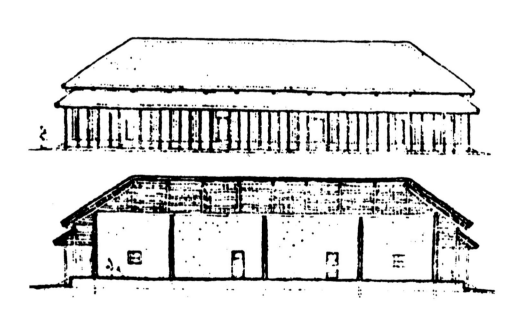

附圖四

(1) 侯家莊 1001 號大墓木室頂面
一首二身交尾蛇形器

(2) 長沙繪書四月神像

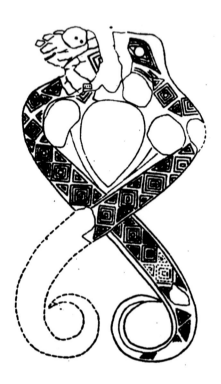

資料來源：(1) 梁思永、高去尋，侯家莊 2.1001 號墓，圖 29。

(2) Noel Barnard, "The Ch'u Silk Manuscript and Other Archaeological Documents of Anci-ent China", Fig. 4B, P. 95, Early Chinese Art And lts Possible Influence in the Pacific Basin.

附圖五　虢季子白盤

資料來源：邱德修編，《商周金文集成》冊七（五南圖書出版公司，民國 72 年），頁
3294。

附圖六　楚公象鐘及銘文

資料來源：容庚編，《海外吉金圖錄》（台聯國風出版社，民國 67 年），頁 276～277，
　　　圖 130。

附圖七　吐舌群像，1.長沙楚繒書 2.3.4.5.長沙楚墓 6.信陽楚墓

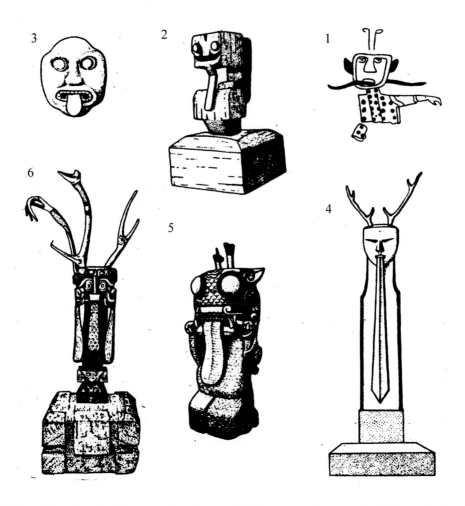

資料來源：凌純聲，「台東吐舌人像及太平洋的類緣」,《中研院民族學研究所集刊》第二集，民國 54 年；Chang Kwang-chih, "Major Aspects of Ch'u Archaeology", Fig. 8, P. 36, Early Chinese Art and Its Possible Influence in the Pacific Basin。